Barthélemy BAWAR

Controlo da poluição periódica dos recursos hídricos no Burkina Faso

Barthélemy BAWAR

Controlo da poluição periódica dos recursos hídricos no Burkina Faso

Acompanhamento pelo laboratório da DGRE entre abril de 2023 e abril de 2024

ScienciaScripts

Imprint

Cover image: www.ingimage.com

This book is a translation from the original published under ISBN 978-620-6-71197-1.

Publisher:
Sciencia Scripts
is a trademark of
Dodo Books Indian Ocean Ltd. and OmniScriptum S.R.L publishing group

120 High Road, East Finchley, London, N2 9ED, United Kingdom
Str. Armeneasca 28/1, office 1, Chisinau MD-2012, Republic of Moldova, Europe
Managing Directors: Ieva Konstantinova, Victoria Ursu
info@omniscriptum.com

Printed at: see last page
ISBN: 978-620-8-52807-2

Conteúdo

PARTE I

BURKINA FASO

Unité - Progrès - Justice

MINISTERE DE L'ENVIRONNEMENT, DE L'EAU ET DE L'ASSAINISSEMENT

SECRETARIAT GENERAL

SECRETARIADO-GERAL

Unidade - Progresso - Justiça

MINISTÉRIO DO AMBIENTE, ÁGUA E SANEAMENTO

RELATÓRIO DE SÍNTESE DA MISSÃO

INQUÉRITO SOBRE A MORTE DE DE PEIXES NA BARRAGEM DE YAOGHIN BARRAGEM DE YAOGHIN, COMUNA DE POA, PROVÍNCIA DE BOULKIEMDE BOULKIEMDE, REGIÃO CENTRO-OESTE

abril de 2023

INTRODUÇÃO

No Burkina Faso, a mobilização e o desenvolvimento dos recursos hídricos constituem um dos principais vectores da política de desenvolvimento sustentável. Para o efeito, foram e continuam a ser executados vários projectos e programas de valorização dos recursos hídricos subterrâneos e superficiais. No entanto, confrontados com o duplo desafio de aumentar a produção e combater as condições climáticas, os beneficiários estão a integrar a utilização de factores de produção na agricultura. Embora necessária para melhorar a produção, a utilização abusiva de fertilizantes orgânicos ou minerais e de pesticidas está a revelar-se perigosa para o ecossistema aquático. Transportados pelas águas de escoamento, os excedentes minerais acumulam-se nos reservatórios de águas de superfície, provocando a eutrofização. Neste processo, as entradas de fosfato, azoto e sulfato são as mais significativas. Existem ainda outros riscos, como a poluição da água e a contaminação por agentes patogénicos causada por inundações e concentrações mais elevadas de poluentes durante as secas.

A poluição dos recursos hídricos agravou-se e está a tornar-se cada vez mais recorrente no Burkina Faso devido à utilização de produtos químicos, como os cianetos, nos locais de exploração mineira e de garimpo. Foram registados numerosos incidentes de poluição, nomeadamente

- o incidente de poluição nas instalações da mina de Youga em agosto de 2008;
- o incidente de poluição no local de garimpo de ouro de Nobsin, em julho de 2009 ;
- o incidente de poluição no Nakanbé: o caso da barragem de Ziga em 2012 ;
- o incidente de poluição na barragem de Guiti, em maio de 2020;
- o incidente de poluição no garimpo de ouro na comuna de Siby julho de 2021;
- a morte cerca de 200 bagres Dafra no marigot de Houet em 24 de fevereiro de 2023,
- o incidente de poluição em torno do rio Mouhoun, entre Secaco e Boromo, em fevereiro de 2023.

Estes incidentes de poluição provocaram morte de animais e peixes. Esta recorrência da poluição é um apelo à melhoria do controlo da qualidade e da quantidade dos recursos hídricos, a fim de os proteger melhor.

Recentemente, o governador da região Centro-Oeste enviou uma nota à população de Poa sobre os casos de peixes mortos na barragem de Yaoghin desde a manhã de quinta-feira, 30 de março de 2023. As actividades de horticultura são realizadas em torno da barragem pela população local, que utiliza pesticidas e fertilizantes susceptíveis de poluir a água da barragem.

Por ordem do Secretário-Geral do Ministério do Ambiente, da Água e do Saneamento, uma série de missões conjuntas conduzidas pela Direção-Geral dos Recursos Hídricos (DGRE) e pela Direção-Geral da Preservação do Ambiente (DGPE) deslocaram-se à Região Centro-Oeste, mais concretamente a Yaoghin, na comuna de Poa, em 31 de março de 2023 e novamente em 19 de abril de 2023, para efetuar investigações técnicas sobre a mortandade de peixes ocorrida na barragem da referida aldeia.

Os objectivos específicos das missões eram os seguintes

Para a primeira missão :

- Reunir-se com as autoridades a nível regional e/ou local e informá-las do objetivo da missão;
- Relatório sobre o estado de poluição das águas da barragem;
- Definir as linhas de investigação ;

- Realização de análises in situ e recolha de amostras de água para análises laboratoriais aprofundadas;
- Especular sobre a natureza da poluição da água da barragem.

Para a segunda missão :

- as alterações da qualidade da água na barragem pelo menos uma vez;
- Verificar as hipóteses sobre a natureza da poluição da água da barragem;
- Fazer recomendações para limitar qualquer poluição dos recursos hídricos.

Os resultados esperados foram :

Para a primeira missão :

- As autoridades a nível regional e/ou local são recebidas e informadas do objetivo da missão;
- Foram efectuadas constatações sobre o estado de poluição das águas da barragem;
- Análises in situ e recolha de amostras de água para análise

são efectuadas em laboratório;

- Foram formuladas hipóteses quanto à natureza da poluição da água da barragem.

Para a segunda missão :

- Está em curso uma missão de controlo da evolução da qualidade da barragem;
- As hipóteses relativas à natureza da poluição da água da barragem foram verificadas;
- Foram feitas recomendações para limitar qualquer poluição dos recursos hídricos.

1. VISÃO GERAL DAS MISSÕES CONJUNTAS

1.1. Curso da primeira missão conjunta

A equipa começou **por** se deslocar a Koudougou, onde se encontrou com o Diretor Regional da Água e Saneamento em exercício, Sr. OUEDRAOGO Daouda, para discutir o objetivo da missão e ouvir a sua versão dos acontecimentos.

As nossas discussões permitiram-nos recolher as seguintes informações:

- Uma missão conjunta da Diretion Régionale de l'Eau et de l'Assainissement du Centre-Ouest (DREA-CO), da Agence de l'Eau du Mouhoun e do Chef de Zone d'Appui Technique de l'Elevage (ZATE) visitou a barragem de Yaoghin em 30 de março de 2023 para observar a mortalidade dos peixes e recolher amostras de água para eventual análise;
- uma grande quantidade de água que entrou na albufeira da barragem na sequência de fortes chuvas em 28 de março de 2023, provocando um aumento da turvação da água na barragem;
- Os primeiros sinais de morte e morte de peixes foram observados na noite de 29 de março de 2023 ;
- O número de peixes mortos aumentou na manhã de 30 de março de 2023. Para evitar o envenenamento humano, os funcionários da ZATE apreenderam os peixes mortos e moribundos;
- amostras de peixes mortos foram recolhidas pela estação veterinária de POA para análise;
- a Diretion Générale des Ressources Halieutiques (DGRH) deu instruções aos responsáveis da ZATE para recolherem uma amostra de lama da bacia e um peixe moribundo conservado em álcool (para evitar o apodrecimento do peixe morto);
- jardinagem de mercado à volta da barragem;
- o nível da água na barragem era muito baixo antes incidente;
- a ausência de garimpo de ouro na localidade;
- o incidente é inédito na barragem
- foram recolhidas duas amostras de água, uma na margem esquerda e outra na margem

direita, por agentes da DREA-CO, que recuperámos para análise laboratorial aprofundada.

Em segundo lugar, a missão dirigiu-se à Câmara Municipal de Poa para informar sobre o objetivo da missão. Nessa altura, a missão encontrou-se com uma missão do Laboratório Nacional de Saúde Pública, que tinha vindo com o mesmo objetivo.

Após as entrevistas, a missão deslocou-se ao local da barragem, acompanhada pelo Sr. Justin KABRE, funcionário da Câmara Municipal de Poa, para efetuar observações e recolher amostras de água para análise.

Uma vez no local, encontrámos o Chefe da Zona de Apoio Técnico à Pecuária (ZATE). As conversações com o Chefe da ZATE permitiram-nos recolher as mesmas informações que as obtidas junto da Direção Regional de Águas e Saneamento.

As observações e audições no terreno revelaram o seguinte:

- Segundo os habitantes locais, os peixes mortos na barragem são principalmente sardinhas e carpas da família Cyprinidae, com muito poucos peixes-gato;
- a água parece cinzenta;
- a presença de dejectos animais na bacia da barragem, nomeadamente nas margens;
- a água da barragem liberta um odor nauseabundo;
- uma grande quantidade de detritos vegetais transportados pela água da chuva e que se encontram nas margens;
- Os peixes mortos foram parar à margem esquerda, provavelmente devido à direção do vento, que soprava da margem direita para a esquerda;
- ausência de plantas invasoras na albufeira da barragem;
- a ausência de sítios de garimpo nas proximidades da barragem;
- uma elevada densidade de hortas nas margens da barragem e ao longo de todo o curso de água, apesar das medidas ocupação;
- Cultivo de jatrofa à volta da barragem e em grandes quantidades na margem esquerda da barragem;
- zonas de produção de tijolos de barro na bacia da barragem.

Com estas questões em mente, alguns residentes locais acusam os horticultores de utilizarem produtos altamente tóxicos para tratar as suas culturas. Quando choveu na localidade, a 28 de março de 2023, a água transportou os resíduos de pesticidas para a barragem, através do canal que liga as hortas à barragem.

Após estas observações de rotina, a equipa recolheu amostras de água e efectuou medições *in situ* em ambas as margens e também no aterro da barragem. Quatro pontos de amostragem (Anexo 3) foram identificados e codificados (P1: margem esquerda, P2: dique1, P3: dique2 e P4: margem direita). As suas coordenadas GPS foram registadas.

As amostras de água foram recolhidas em conformidade com as normas burquinenses "NBF 08-003-1 a 4: 2018" relativas à recolha de amostras de água, incluindo as águas de superfície.

As amostras de água recolhidas são mantidas frescas em refrigeradores. Algumas são depois enviadas para Laboratório de Análise de Águas Brutas da DGRE (para análise de parâmetros complementares como iões maiores e metais vestigiais), enquanto outras são enviadas para o Laboratório de Análise da Qualidade Ambiental (para análise de CBO5 e CQO). Além disso, seria útil dispor dos resultados das análises efectuadas por outros intervenientes, nomeadamente o ministério responsável pelos recursos haliêuticos, através da DGRH, e o ministério responsável pela saúde, através da Agence Nationale de Sécurité Sanitaire de l'Environnement, de l'Alimentation et du Travail et des produits de santé (ANSSEAT, antigo LNSP), para investigações técnicas mais completas.

1.2. Curso da segunda missão

A equipa de missão deslocou-se primeiro à Câmara Municipal de Poa para os informar do objetivo da missão.

Após um encontro com o Secretário-Geral da Câmara Municipal de Poa, a missão deslocou-se ao local da barragem, acompanhada pelo Sr. Justin KABRE, agente da Câmara Municipal de Poa, para efetuar observações e recolher amostras de água para análise.

As observações e audições no terreno revelaram o seguinte:

- Acabaram-se os peixes mortos na barragem
- A água da barragem é mais ou menos clara e límpida;
- a presença de dejectos animais na bacia da barragem, nomeadamente nas margens;
- a água da barragem já não exala um odor desagradável;
- a utilização da água pelos horticultores através da instalação de bombas giratórias na margem esquerda e no dique,
- a presença de um de saúde (CSPS Yaoghin) a 200 metros da barragem...

Após estas observações padrão, a equipa recolheu amostras de água e efectuou medições *in situ* em ambas as margens e no aterro da barragem, nos mesmos pontos de amostragem da primeira missão.

As amostras de água foram recolhidas em conformidade com a norma burquinense "NBF 08-003-1 a 4: 2018" relativa à amostragem de águas superficiais.

As amostras de água foram conservadas em câmaras frigoríficas e enviadas para o Laboratório de Análises de Águas Brutas (LAEB) da DGRE e para o Laboratório de Análises da Qualidade do Ambiente (LAQE) para análise posterior.

Uma outra parte das amostras (04 amostras) deveria ser enviada para o Laboratório Nacional de Saúde Pública (LNSP) para análise de resíduos de pesticidas.

2. RESULTADOS E INTERPRETAÇÃO

2.1. Análise in situ

As medições in situ abrangeram os seguintes parâmetros: temperatura, pH, condutividade, turbidez e oxigénio dissolvido.

2.2. Análises laboratoriais

As análises laboratoriais foram efectuadas em :

- Iões principais: cloretos (Cl^-), nitratos (NO_3^-), nitritos (NO_2^-), ortofosfatos (HPO_4^{2-}), sulfatos (SO_4^{2-}), bem como sódio (Na) e potássio (K).
- Cianetos e/ou pesticidas.
- Metalóides (oligoelementos metálicos): cobre (Cu), zinco (Zn), manganês (Mn).
- Índices químicos [carência biológica de oxigénio (CBO_5) e carência química de oxigénio (CQO)].

2.3. Equipamentos e métodos de análise utilizados

Os equipamentos e métodos utilizados para analisar os parâmetros estudados são indicados no quadro do apêndice 6.

2.4. Apresentação dos resultados da análise

O quadro 1 apresenta os resultados das análises in-tu e laboratoriais de vários parâmetros físico-químicos para a primeira missão.

O quadro 2 apresenta os resultados das análises in-tu e laboratoriais de vários parâmetros ambientais para a segunda missão.

Quadro I: Resultados das medições in situ e das análises laboratoriais da primeira missão

Amostras	Medições in situ	Análises laboratoriais

Código de amostra	Localização geográfica	T(°C)	pH	Condutividade (u3/cr)	Turbidez (NTU)	Oxigénio dissolvido (mg/l)	cr (mg/l)	NO_3- (mg/l)	NO_2- (mg/l)	PO?" (mg/l)	[12]SO4 - (mg/l)	Na (mg/l)	K (mg/l)	Cu (mg/l)	Mn (mg/l)	Zn (mg/l)	GN' (mg/l)	CQO (mg/l)	DB 05 (mg/l)
PI (Rive Gauche)	12°13'32,2 "N 002°06'15,7 "W	30,3	6,51	113,0	722,6	0,54	2,6	0,5	0,31	0,1	0,6	2,1	16,3	<0,05	3,09	0,11	0,038	146	136
P2 (Dique)	12°13'29,0 "N 002°06'12,5 "W	28,0	6,3	111,0	712,2	0,81	2,4	<0,1	0,22	0,1	0,7	2,2	18,2	<0,05	2,89	0,05	0,015	116	104
P3 (Dique)	12°13'25,5 "N 002°06'12,0 "W	27,9	6,22	110,4	718,0	0,48	2,4	0,1	0,33	0,08	0,8	2,1	15,2	<0,05	2,89	0,10	0,016	125	99
P4 (margem direita)	12°13'21,7 "N 002°06'll,5 "W	28,0	6,32	109,3	705,5	0,44	2,4	<0,1	0,6	0,1	0,7	2,1	13,8	<0,05	2,89	0,09	0,027	138	107
Valores médios		28,5	6,33	110,9	714,6	0,57	2,45	0,2	0,37	0,08	0,7	2,125	15,875	0,05	2,94	0,09	0,024	131	112
Normas nacionais[1]		40°C	6 à 10,3	1000	-	>7								0,3		<1			<6
Normas marroquinas[2]		8 à 30	5 à9	<3000	-	>3	-	-	<0,5	-	<200	-	-	<40	<0,1	< 1,3	<0,05	<30	<6

Quadro II: Resultados das medições in situ e das análises laboratoriais das amostras de água da segunda missão

Amostras		Medições in situ					Análises laboratoriais										
Código de amostra	Localização geográfica	T (°C)	pH	Condutividade (pS/cm)	Turbidez (NTU)	Oxigénio dissolvido (mg/l)	Ci (mg/l)	NO3 (mg/l)	PO4 3 (mg/l)	SO4 2 (mg/l)	Na (mg/l)	K (mg/l)	Cu (mg/l)	Mn (mg/l)	Zn (mg/l)	COD (mg/l)	CBO 5 (mg/l)
PI (Rive Gauche)	12°13'32,2 "N 002°06'15,7 "W	32,8	6,50	137,9	56,54	8,66	3,6	<0,1	<0,1	0,6	<0,05	8,34	0,054	0,052	0,104	8	6
P2 (Dique)	12°13'29,0 "N 002°06'12,5 "W	32,4	6,73	139,2	44,22	8,62	3,4	<0,1	<0,1	0,6	<0,05	2,62	<0,05	0,069	0,067	6	5
P3 (Dique)	12°13'25,5 "N 002°06'12.0 "W	31,4	6,88	139,4	57,98	8,42	3,4	<0,1	<0,1	0,5	<0,05	<0,05	<0,05	0,072	<0,05	12	9
Amostras		**Medições in situ**					**Análises laboratoriais**										
Amostras de código	Localização	T (°C)	pH	Condutividade (pS/cm)	Turbidez (NTU)	Oxigénio dissolvido ne (mg/1)	Cl (mg/1)	NO3 (mg/1)	PO4 3 (mg/1)	SO4 2 (mg/1)	Na (mg/1)	κ (mg/1)	Cu (mg/1)	Mn (mg/1)	Zn (mg/1)	CQO (mg/1)	CBO 5 (mg/1)
P4 (marge	12°13'21 .7 "N	31,9	7,08	138,5	59,84	8,27	3,6	<0,1	<0,1	0,5	<0,05	<0,05	<0,05	0,070	<0,05	10	8
Valores médios		32,1	6,8	113,75	54,64	8,49	3,5	0,1	0,1	0,6	<0,0	2,76	0,05	0,06	0,04	9	
Normas nacionais[3]		40° C	6 à 10,	1000	-	>7							0,3		<1		<6

[1] Decreto n°2001-185/PRES/PM/MEE que fixa os limites das descargas de poluentes na água e no solo, definindo os limites de proteção da qualidade das águas piscícolas

[2] Decreto conjunto do Ministério do Planeamento, da Água e do Ambiente n°2028-03 (5 de novembro de 2003) que fixa as normas de qualidade das águas piscícolas em Marrocos.

[3] Decreto n°2001-185/PRES/PM/MEE que fixa os limites das descargas de poluentes na água e no solo, definindo os limites de proteção da qualidade das águas piscícolas

Normas marroquinas[4]	8á 30	5 à 9	<3000	-	>3	-	-	-	200	-	-	<40	<0,1	<1,3	<30	<6

2.5. Interpretação dos resultados da análise

2.5.1. Interpretação dos resultados das análises in situ

A figura 1 a interpretação das medições in situ para as duas missões separadas. Estes parâmetros são a temperatura (T), o pH, a condutividade, a turbidez e o oxigénio dissolvido na água.

2.5.1.1. Temperatura

A temperatura da água afecta a sua densidade e viscosidade, a solubilidade do oxigénio, a velocidade das reacções químicas e bioquímicas e os ritmos de atividade dos organismos, a maior parte dos quais são poì'kilotérmicos.

Analisando os resultados, podemos ver que a temperatura média durante a primeira missão foi de 28,5°C, enquanto que durante a segunda missão a temperatura média foi mais elevada, de 32,12°C. Este aumento da temperatura pode dever-se a vários factores, como as alterações climáticas, a atividade humana ou o período de amostragem.

2.5.1.2. pH

O pH é o cologaritmo da concentração de iões de hidrogénio na água: 0 a 7 é ácido e 7 a 14 é alcalino. O pH não pode ser dissociado da temperatura, do oxigénio dissolvido e da mineralização. Os peixes toleram geralmente um pH entre 6 e 9.

Em termos de pH, a média foi de 6,33 na primeira missão e de 6,80 na segunda. Estes resultados estão mais ou menos dentro do intervalo aceitável das normas nacionais e marroquinas, que recomendam um pH entre 6 e 10,3 e entre 5 e 9, respetivamente.

2.5.1.3. Condutividade

A condutividade eléctrica (CE) é uma medida da capacidade de uma solução aquosa conduzir uma corrente eléctrica, que depende da concentração de iões na solução. É sensível a variações na matéria dissolvida, principalmente sais minerais, e pode ser útil para caraterizar uma massa de água. A condutividade também aumenta com a temperatura da água.

A condutividade, que mede a capacidade de uma substância para conduzir eletricidade, foi em média de 110,9 µS/cm na primeira missão e de 138,75 µS/cm segunda. As normas nacionais estabelecem um limite de 1000 µS/cm, o que indica que ambas as missões se situaram abaixo deste limite.

2.5.1.4. Turbidez

A turvação da água depende da natureza do terreno que atravessa, da estação do ano, da pluviosidade, escoamento das águas e da natureza das descargas. Pode ser avaliada pela transparência da água.

Em termos de turbidez, a média durante a primeira missão 714,6 NTU, enquanto que durante a segunda missão foi muito mais baixa, com uma média de 54,64 NTU.

Embora as normas nacionais não estabeleçam um limite específico para a turvação das águas superficiais, considera-se geralmente que uma turvação baixa é um indicador de boa qualidade da água.

2.5.1.5. Oxigénio dissolvido

Juntamente com os valores de pH, as concentrações de oxigénio dissolvido são um dos parâmetros de qualidade da água mais importantes para a vida aquática.

[4] Decreto conjunto do Ministério do Planeamento, da Água e do Ambiente n°2028-03 (5 de novembro de 2003) que fixa as normas de qualidade das águas piscícolas em Marrocos.

- Representa geralmente 35% do volume total dos gases dissolvidos na água.
- As trocas ar-água ocorrem por contacto, aumentadas pela mistura em fácies lóticos. A fotossíntese aumenta o teor de oxigénio dissolvido. Um teor inferior a 3 mg/l é anormal.
- É letal para os ciprinídeos quando desce abaixo de 4 mg/l e 6 mg/l (75% de saturação) para os salmonídeos. O valor vital para estes peixes deve ser superior a 6 mg/l.
- Níveis acima do nível natural de saturação de oxigénio indicam eutrofização do ambiente, resultando numa intensa atividade fotossintética.

O oxigénio dissolvido é essencial para a grande maioria dos organismos que vivem na água, uma vez que a solubilidade do O2 varia em função da temperatura, da mineralização e da pressão atmosférica.

Por último, os níveis de oxigénio dissolvido na água foram, em média, de 0,57 mg/l durante a primeira missão e de 8,49 mg/l durante a segunda missão. As normas nacionais recomendam um teor mínimo de oxigénio dissolvido superior a 7 mg/l, o que significa que os resultados da primeira missão estavam abaixo desta norma, enquanto os da segunda missão estavam dentro do valor-guia nacional. Esta baixa oxigenação pode explicar a morte dos peixes nesta barragem.

De acordo com os resultados das medições in situ efectuadas durante a primeira missão, a barragem de Yaoghin estava a sofrer de condições anóxicas caracterizadas por um teor muito baixo de oxigénio dissolvido, o que poderia levar à morte de certos organismos aquáticos, como os peixes. Os resultados da segunda missão mostram uma melhoria significativa da qualidade da água, com níveis de oxigénio dissolvido em conformidade com as normas.

Estas medições in situ fornecem informações importantes sobre a qualidade da água da barragem de Yaoghin estudada. Mostram que a qualidade da água varia com o tempo e que certos parâmetros, como a turbidez e o teor de oxigénio dissolvido, podem ter implicações importantes para a vida dos organismos aquáticos e para o ambiente.

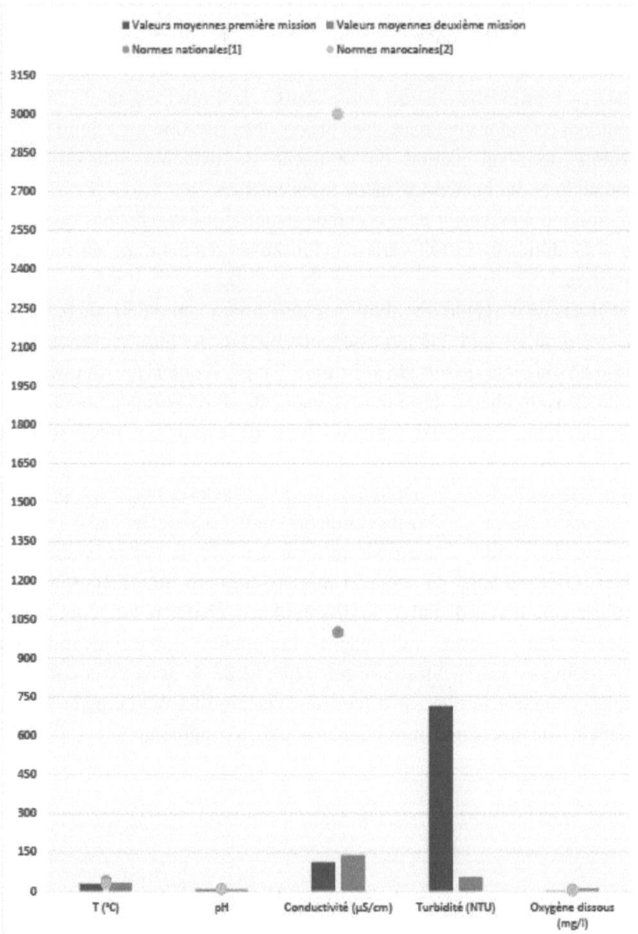

Figura 1: variação ao longo do tempo dos valores médios dos parâmetros in-situ

2.5.2 Interpretação dos resultados das análises laboratoriais

Os quadros I e II apresentam os resultados das análises de várias amostras de água, para as duas missões distintas, bem como as normas de referência para cada parâmetro medido. O decreto de normas nacionais não propõe valores para certos parâmetros de qualidade da água para peixes.

O decreto normativo marroquino também não especifica valores-limite para os cloretos, nitratos, sódio e potássio).

Eis uma possível interpretação dos resultados:

- **Iões como cloretos, sulfatos, fosfatos e nitratos**; não se verificou uma variação significativa dos valores médios destes parâmetros durante as duas missões distintas;
- **Na (sódio)**: Os valores médios para a primeira missão são de 2,125 mg/L, o que é relativamente baixo. Para a segunda missão, os valores são inferiores ao limite de deteção (< 0,05 mg/L), o que indica uma ausência significativa de sódio nas amostras de água testadas.

Estes valores estão, por conseguinte, em conformidade com as normas de referência para o sódio;

- **K (potássio)**: Os valores médios da primeira missão são de 15,875 mg/L, o que também é relativamente baixo. Para a segunda missão, os valores são de 2,76 mg/L, o que é ainda mais baixo. Estes valores estão, por conseguinte, em conformidade com as normas de referência para o potássio;
- **Cu (cobre)**: Os valores médios para a primeira missão são 0,05 mg/L, o que é inferior ao limite de deteção para a segunda missão (0,051 mg/L). Isto indica que as amostras de água testadas contêm pouco ou nenhum cobre. Ambos os valores estão em conformidade com as normas de referência para o cobre;
- **Zn (zinco)**: Os valores médios para as duas missões são respetivamente de 0,09 mg/L e 0,044 mg/L, muito abaixo da norma de referência para o zinco (< 1,3 mg/L). As amostras de água testadas contêm, portanto, pouco ou nenhum zinco;
- **Mn (manganês)**: Os valores médios para a primeira missão são 2,94 mg/L, o que é relativamente elevado em comparação com as normas de referência (< 0,1 mg/L). O valor médio para a segunda missão foi de 0,065 mg/L, o que é muito inferior ao da primeira missão e está em conformidade com a norma de referência;
- **Cianetos e/ou pesticidas**: Os resultados das análises de cianetos (**Quadro I, para a primeira missão)** e de resíduos de pesticidas **(Apêndice 4, para a segunda missão)** não indicam a presença destes elementos tóxicos nas amostras de água da barragem estudada;
- **CQO (carência química de oxigénio)**: Os valores médios da primeira missão são de 131 mg/L, o que é superior à norma de referência (< 30 mg/L). Os valores médios para a segunda missão foram de 9 mg/L, o que é muito inferior ao da primeira missão e está em conformidade com a norma de referência;
- **CBO5 (carência bioquímica de oxigénio a 5 dias)** : Os valores médios de

Os valores médios da primeira missão foram de 112 mg/L, o que é superior à norma de referência (< 6 mg/L). Os valores médios para a segunda missão são de 7 mg/L, o que é muito inferior ao da primeira missão, mas ainda assim apenas ligeiramente superior à norma de referência.

Como as águas de superfície contêm geralmente menos de 0,05 mg/l, estas informações a concluir que a forte chuva que caiu na localidade em 28 de março de 2023 deve ter transportado resíduos nas águas de escoamento, poluindo a barragem com níveis elevados de manganês.

No que diz respeito à mortalidade dos peixes, o peixe-gato e a sardinha são duas espécies diferentes com necessidades diferentes em termos de qualidade da água.

De acordo com os trabalhos de (T. R. Crompton et al., 2004) e (K. G. Linden et al., 2000), a poluição da água por produtos químicos como o manganês, bem como níveis elevados de COD e BOD5, podem ter um impacto negativo na saúde e na sobrevivência de todos os peixes num ecossistema aquático. As concentrações elevadas de manganês podem também afetar a qualidade e a quantidade de alimentos disponíveis para os peixes, o que pode também ter um impacto na sua sobrevivência.

Além disso, de acordo com o trabalho de (K. G. Linden et al., 2000) e (H. S. Suleiman et al., 2006), o permanganato de potássio (KMnO4) é um poderoso oxidante e é frequentemente utilizado no tratamento de água para eliminar contaminantes orgânicos e inorgânicos; como desinfetante, em particular para esterilizar equipamento médico e para tratar infecções fúngicas e bacterianas. Por último, é também utilizado como corante para têxteis, couro, papel, cerâmica e outros materiais.

No entanto, concentrações elevadas de permanganato de potássio na água podem ser tóxicas para os peixes. O permanganato de potássio pode reduzir o nível de oxigénio dissolvido na água, o que pode provocar a asfixia dos peixes (H. S. Suleiman et al., 2006). Além disso, o permanganato de potássio pode irritar as guelras e a pele dos peixes, o que também pode torná-los mais vulneráveis a outras pressões e doenças ambientais.

É também importante notar que a toxicidade do permanganato de potássio para os peixes depende de muitos factores, tais como a concentração do produto químico na água, a duração da exposição dos peixes e a sensibilidade das diferentes espécies de peixes (T. R. Crompton et al., 2004).

Interpretando estes dados analíticos, podemos concluir que a qualidade da água medida durante a primeira missão era má, com níveis baixos oxigénio dissolvido e níveis elevados de K, Mn, CQO e CBO5. Em contrapartida, os níveis medidos durante a segunda missão são muito melhores, com níveis mais elevados de oxigénio dissolvido e níveis mais baixos de K, Mn, CQO e CBO5. Isto indica que existe uma relação significativa entre os níveis de oxigénio dissolvido e estes últimos elementos, o que é verificado pelos estudos de H. S. Suleiman et al. 2006.

De um modo geral, estes resultados mostram que as amostras de água estudadas podem ter níveis variáveis de diferentes parâmetros físico-químicos, mas que os valores estão em grande parte dentro dos padrões estabelecidos para cada elemento ou composto. No entanto, é importante monitorizar regularmente os níveis destes elementos de forma a manter a qualidade da água na barragem estudada.

As normas nacionais e marroquinas podem ser utilizadas como referências para avaliar a qualidade das águas piscícolas, a fim de orientar as acções destinadas melhorá-la.

3. RECOMENDAÇÕES

As seguintes recomendações (**Quadro III**) foram formuladas com o objetivo de limitar a possível poluição dos recursos hídricos em todo o país.

Quadro III: Recomendações para a gestão da qualidade dos recursos hídricos

N°	Recomendações	Prazo de execução	Estrutura de implementação
1	Desenvolver e aplicar um plano de comunicação sobre o impacto das actividades humanas na qualidade da água, a proliferação de plantas invasoras e a interação entre a rede hidrográfica e a poluição das massas de água.	31 de dezembro de 2023	Agências de água, DREA, DGRE
2	Sensibilizar os horticultores para a necessidade de respeitar as normas de produção e, sobretudo, a utilização pesticidas e adubos químicos de síntese	Continuar	Agências da Água, Polícia da Água, CLE, Câmaras Municipais
3	Criar faixas herbáceas à volta das massas de água e, em seguida, plantar plantas florestais não lenhosas à volta dessas faixas para limitar a poluição das massas de água.	Continuar	Agências de água
4	Assegurar o cumprimento da regulamentação relativa à água através da das inspecções	Continuar	DREA (Polícia da Água)
5	Reforço dos sistemas de controlo e de vigilância da qualidade da água (redes de vigilância da qualidade da água, reforço dos meios técnicos dos laboratórios da DGRE e da DGPE).	Continuar	MEEA, DGRE, DGPE
6	Dada a recorrência de eventos de poluição da água, criar um Comité Técnico Interministerial para investigar a poluição da água sob a coordenação do MEEA	31 de dezembro de 2023	SG/MEEA, DGRE
7	Rever os regulamentos que estabelecem normas para as	31 de dezembro de	SG/MEEA, DGRE,

	águas superficiais/subterrâneas em geral e para as águas piscícolas em particular, de modo a torná-las normas nacionais "NBF" a utilizar para este efeito.	2025	ABNORM
8	Seguir os regulamentos ambientais actuais e as recomendações de especialistas para a utilização de produtos químicos como o permanganato de potássio.	continua	Polícia da água, CLE, câmaras municipais

CONCLUSÃO

O objetivo da nossa missão era determinar a natureza da eventual poluição desta albufeira por diversos poluentes, a fim de identificar as causas prováveis da mortandade dos peixes. A equipa da missão analisou os diferentes parâmetros físico-químicos da água da barragem *in situ* e nos laboratórios da DGRE e da DGPE.

Interpretando estes dados analíticos, podemos concluir que a qualidade da água medida durante a primeira missão era má, com níveis baixos oxigénio dissolvido e níveis elevados de K, Mn, CQO e CBO5. Em contrapartida, os níveis medidos durante a segunda missão são muito melhores, com níveis mais elevados de oxigénio dissolvido e níveis mais baixos de K, Mn, CQO e CBO5. Isto indica que existe uma relação significativa entre os níveis de oxigénio dissolvido e estes últimos elementos, o que é verificado pelos estudos de H. S. Suleiman et al. 2006.

De um modo geral, estes resultados mostram que as amostras de água estudadas podem ter níveis variáveis de diferentes parâmetros físico-químicos, mas que os valores estão em grande parte dentro dos padrões estabelecidos para cada elemento ou composto. No entanto, é importante monitorizar regularmente os níveis destes elementos de forma a manter a qualidade da água na barragem estudada.

A água da barragem voltou assim ao normal e pode ser utilizada sem receio para diversos fins.

A poluição observada pode ser devida às fortes chuvas registadas em 28 de março de 2023, que arrastaram objectos e poluentes para a barragem.

REFERÊNCIAS BIBLIOGRÁFICAS

1. Decreto n.º 2001-185/PRES/PM/MEE que estabelece normas relativas às descargas de poluentes no ar, na água e no solo e define normas de proteção qualidade da água para os peixes;

2. Decreto conjunto do Ministério do Ordenamento do Território, da Água e do Ambiente n°2028-03 (5 de novembro de 2003) que fixa as normas de qualidade das águas piscícolas em Marrocos ;

3. T. R. Crompton, Toxicants in Aqueous Ecosystems: A Guide for the Analytical and Environmental Chemist (Nova Iorque: Wiley, 2004), p. 102 ;

4. K. G. Linden, D. A. Lake, e J. S. Sigmund, "Treatment of Permanganate- Contaminated Groundwater by In Situ Chemical Oxidation," Environmental Science & Technology 34, no. 23 (2000): 4879-4883 ;

5. H. S. Suleiman, N. A. Al-Muhtaseb, e R. A. Al-Zoubi, "Removal of Permanganate from Water by Adsorption on Activated Carbon," Journal of Hazardous Materials 137, no. 1 (2006): 529-537 ;

6. NBF 08-003-1 : 2018 : Qualidade da água - Amostragem - Parte 1: Orientações para a conceção de programas e técnicas de amostragem,

7. NBF 08-003-2: 2018: Qualidade da água - Amostragem - Parte 2: Armazenamento e manuseamento de amostras de água ;

8. NBF 08-003-4: 2018: Qualidade da água - Amostragem - Parte 4: Guia para a amostragem das águas de lagos naturais e artificiais

9. Brouwer, A., (2017). Resíduos de pesticidas nos ecossistemas europeus de água doce: uma revisão dos dados de monitorização recentes e das respostas regulamentares. Ciências Ambientais Europa, 29(1), 1-18.

APÊNDICE 1: LISTA DAS AUTORIDADES CONTACTADAS NA ZONA

Estrutura	Identidade
O Diretor Regional interino da Água e do Saneamento para a região Centro-Oeste	OUEDRAOGO Daouda Tel : 76 60 40 74
Chefe do Serviço de Assuntos Transferidos da Prefeitura de Poa	Justin KABRE Tel : 76 62 43 78
o Chefe da Zona de Apoio Técnico à Pecuária (ZATE)	KABORE Issouf Tel : 76 67 39 21

ANEXO 2: FOTOGRAFIAS ILUSTRATIVAS, DGRE, MARÇO DE 2023

Foto 1: peixe morto Foto 2: peixe-gato morto

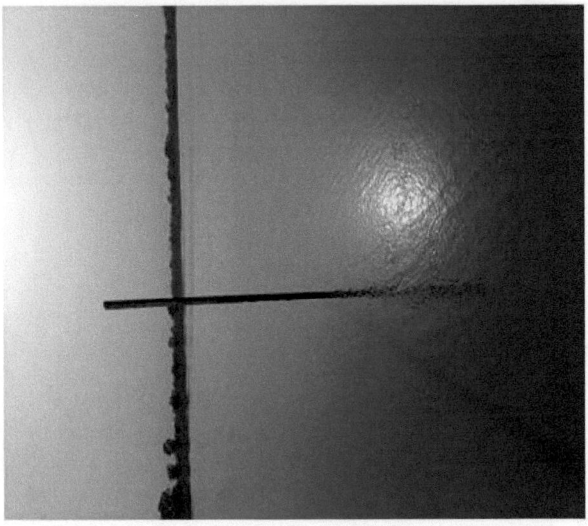

Figura 3: Nível da água na barragem Figura 4: Medição dos parâmetros in situ

Figura 5: Detritos de plantas transportados pela água da chuva Figura 6: Planta de Jatropha perto da barragem

APÊNDICE 3: FOTOS ILUSTRATIVAS, DGRE, ABRIL DE 2023

Figura 1: Aspeto da água durante segunda missão
Figura 2: Hortelões que retiram água de bombas de pivô

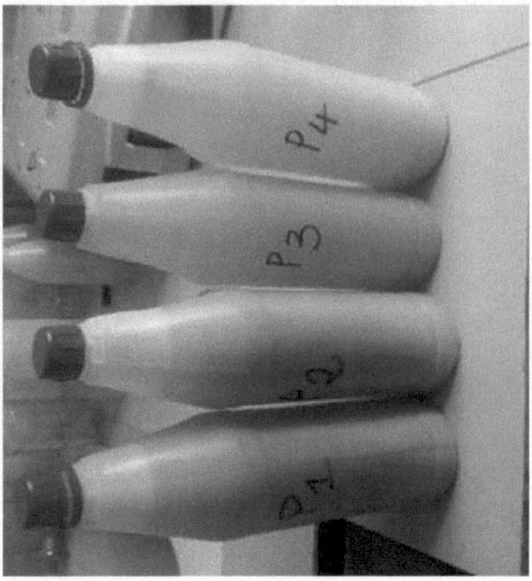

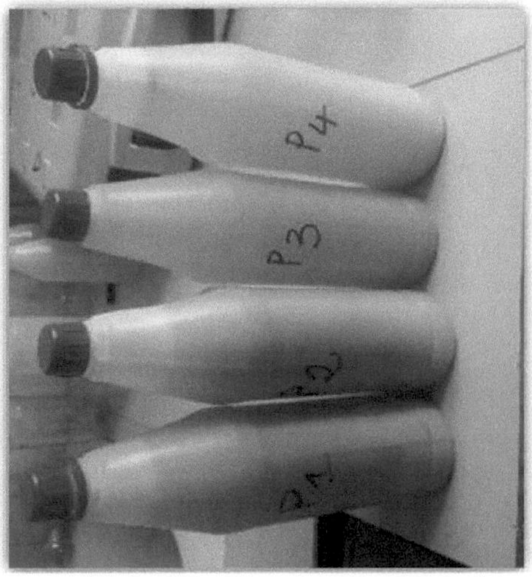

Figura 3: as quatro de água colhidas-1 Figura 4: as quatro amostras de água colhidas-2

APÊNDICE 4: QUADRO I: RESULTADOS DAS ANÁLISES DE PESTICIDAS EM AMOSTRAS DE ÁGUA DA MISSÃO 2

ЭК)	ORGANOCLORES																	
	Parâmetros	**2,4DDT**	**Linho**	**Ajuda**	**Op'DDT**	**Met**	**Mir**	**PCB 209**	**Diel**	**Hep**	**Alfa-endossulfão**	**Beta-endossulfão**	**BCB**	**Chi**	**Cldo**	**metanfetamina**	**Pré**
	Unidades	**mg/L**	**mg/L**	**mg/L**	**mg/L**	**mg/L**	**mg/L**	**mg/L**	**mg/L**	**mg/L**	**mg/L**	**mg/L**	**mg/L**	**mg/L**	**mg/L**	**mg/L**	**mg/L**
	PI (Rive Gauche)	<0,01	<0,01	<0,01	<0,01	<0,01	<0,01	<0,01	<0,01	<0,01	<0,01	<0,01	<0,01	<0,01	<0,01	<0,01	<0,01
Códigos amostras	*P2 (Dique)*	<0,01	<0,01	<0,01	<0,01	<0,01	<0,01	<0,01	<0,01	<0,01	<0,01	<0,01	<0,01	<0,01	<0,01	<0,01	<0,01
	P3 (Dique)	<0,01	<0,01	<0,01	<0,01	<0,01	<0,01	<0,01	<0,01	<0,01	<0,01	<0,01	<0,01	<0,01	<0,01	<0,01	<0,01
	P4 (margem direita)	<0,01	<0,01	<0,01	<0,01	<0,01	<0,01	<0,01	<0,01	<0,01	<0,01	<0,01	<0,01	<0,01	<0,01	<0,01	<0,01

<u>**Legenda**</u>: **Lin**: Lindano; Aid: Aldrina; **Met:** Metoxicloro; **Mir:** Mirex; **Diel**: Dieldrina; **Hep:** Heptacloro; **Chi**: Clordimeforme; **Chio**: Clorotalonil; **Meth**: Metacloro; **Pre**: Pretilachlo

		PIRETRÓIDES SINTÉTICOS								COMPOSTOS ORGANOFOSFORADOS						
	Parâmetros	**Cpmth**	**Dmeth**	**Lambda-**	**Tmth**	**Prnth**	**Alfa-**	**Cfth**	**Bfth**	**Dzn**	**Dmth**	**Mvp**	**Hptpho**	**Mnctph**	**Etifo**	**AzphosEt**
	Unidades	**mg/L**	**mg/L**	**mg/L**	**mg/L**	**mg/L**	**mg/L**	**mg/**	**mg/**	**mg/**	**mg/L**	**mg/**	**mg/L**	**mg/L**	**mg/L**	**mg/L**
	PI (Rive	<0,01	<0,01	<0,01	<0,01	<0,01	<0,01	<0,0	<0,0	<0,0	<0,01	<0,0	<0,01	<0,01	<0,01	<0,01
Códigos amostras	*P2 (Dique)*	<0,01	<0,01	<0,01	<0,01	<0,01	<0,01	<0,0	<0,0	<0,0	<0,01	<0,0	<0,01	<0,01	<0,01	<0,01
	P3 (Dique)	<0,01	<0,01	<0,01	<0,01	<0,01	<0,01	<0,0	<0,0	<0,0	<0,01	<0,0	<0,01	<0,01	<0,01	<0,01
	P4 (margem direita)	<0,01	<0,01	<0,01	<0,01	<0,01	<0,01	<0,0	<0,0	<0,0	<0,01	<0,0	<0,01	<0,01	<0,01	<0,01

<u>**Legenda:**</u> **Cpiiithr:** Cipermetrina; **Dmethr:** Deltametrina; **Lambda-Chthr**: Lambda-Cialotrina; **Tmthr:** Tetrametrina; **Pmthr:** Permetrina; **Alfa-Cypmthr:** Alfa-Cipermetrina; **Cfthr: Ciflutrina; Bfth**: Bifentrina; **Dzn**: Diazinão; **Dmtha**: Dimetoato; **Mvp:** Mevinfos; **Hptfos:** Heptenofos; **Mnctfos:** Monocrotofos; **Etifos:** Etoprofos; **AzfosEth:** Etil Azinfos

	CARBAMATOS E OUTROS												
	Parâmetros	**Qtzen**	**Imaz-**	**Mthmyl**	**Prpcur**	**Dfbenzam**	**Trdmef-**	**Penco-**	**Propico-**	**Azoxystrb-**	**Simazina**	**Benalax-**	**Carbof-**
	Unidades	**mg/L**	**mg/L**	**mg/L**	**mg/L**	**mg/L**	**mg/L**	**mg/L**	**mg/L**	**mg/L**	**mg/L**	**mg/L**	**mg/L**
	PI (Rive Gauche)	<0,01	<0,01	<0,01	<0,01	<0,01	<0,01	<0,01	<0,01	<0,01	<0,01	<0,01	<0,01
	P2 (Dique)	<0.01	<0.01	<0.01	<0.01	<0.01	<0.01	<0.01	<0.01	<0.01	<0.01	<0.01	<0.01
Códigos de amostra	*P3 (Dique)*	<0,01	<0,01	<0,01	<0,01	<0,01	<0,01	<0,01	<0,01	<0,01	<0,01	<0,01	<0,01
	P4 (margem direita)	<0,01	<0,01	<0,01	<0,01	<0,01	<0,01	<0,01	<0,01	<0,01	<0,01	<0,01	<0,01

<u>**Legenda**</u> **;** **Qtzen :** Quintozeno ; **Imaz- :** Imazalil ; **Mthmyl :** Metomil ; **Prpcur :** Prooposcur ; **Dfbenzam :** Diflubenzamida **; Trdmef- :** Triadimefão ; **Penco- :** Penconazol ; **Propico- :** Propiconazol ; **Azoxystrb- :** Azoxistrobina **; Simazine :** Simazina ; **Benalax- :** Benalaxil ; **Carbof- :** Carbofurano

NB: - LQ= O limite de quantificação dos pesticidas é de 0,0100

As quatro amostras de água analisadas não apresentaram resíduos dos pesticidas testados (Resultados<0,0100)

Categorias	Parâmetros	Descrição/interesse
Parâmetros físico-químicos convencionais/ Medições in situ	Temperatura	Influencia o equilíbrio químico,
	pH	Mede a acidez; distinção entre água ácida e básica; ligada natureza do aquífero e condições ambientais
	Condutividade	Indica o nível mineralização da água
	Oxigénio dissolvido e percentagem de saturação	Determina a atividade biológica do ambiente e o seu estado de poluição
	Turbidez	Fornece informações sobre a clareza da água
Parâmetros organolépticos	Cor	Indica a cor da água
	Odor	Diz-lhe a que é que a água cheira
Elementos principais,	Potássio	Mede o teor de potássio; indicador de mineralização
	Sódio	Mede o teor de sódio; indicador de lixiviação de aquíferos que contêm silicatos ou

oligoelementos		cloreto de sódio
	Cloretos	Mede o teor destes elementos e fornece informações sobre a natureza do aquífero e a poluição da água
	Nitratos	
	Nitritos	
	Ortofosfatos	
	Sulfatos	
	Cianetos livres	Mede o teor de cianeto livre; fornece informações sobre a contaminação de águas residuais industriais ou comerciais e de efluentes mineiros
	Cianetos totais	Mede o teor total de cianeto; fornece informações sobre a contaminação de águas residuais industriais ou comerciais e de efluentes mineiros
	Cobre	Mede o teor de cobre; presente nas águas superficiais ou subterrâneas; a sua fonte é a rocha ou os efluentes industriais ou mineiros.
	Zinco	Mede o teor de zinco; presente nas águas superficiais ou subterrâneas; a sua fonte é a rocha ou os efluentes industriais ou mineiros.
	Manganês	Mede o teor de manganês; a sua fonte é a rocha ou a poluição causada pelas actividades humanas
Parâmetros de poluição orgânica	CQO	Mede o teor de oxigénio necessário para oxidar quimicamente os compostos orgânicos; utilizado para avaliar a quantidade de poluentes orgânicos biodegradáveis e não biodegradáveis nas águas de superfície.
	CBO5	Mede o teor de oxigénio necessário para oxidar biologicamente os compostos orgânicos; permite avaliar, em 5 dias, a fração biodegradável da carga poluente carbonácea nas águas superficiais.
	Oxidabilidade com KMnO	Mede todos os compostos oxidáveis (C, P, N, etc.)

Parâmetros analisados	Unidades	Métodos	Normas	Equipamento utilizado	Limites de deteção
Temperatura	°C	Eletroquímica	NF EN 27888	Medidor de condutividade 3210	0.0 à 60.0
pH		Eletroquímica	NF T 90-008	Hanna HI 98128	-2.00 à 16.00
Condutividade	pS/cm	Eletroquímica	NF EN 27888	Medidor de condutividade 3210	0.0 à 3999
Turbidez	NTU	Nefelometria	NF EN ISO 7027	Turbidímetro Wag-WT 3020	0.02
Oxigénio dissolvido	mg/l	Eletroquímica	-	Multímetro 3430 SET F	-
Cloreto	mg/l	Cromatografia	Método HACH 8048	Cromatógrafo de iões	0.02
Nitrato	mg/l	Cromatografia	Método HACH 8114	Cromatógrafo de iões	0.3
Fosfato	mg/l	Cromatografia	Método HACH 8008	Cromatógrafo de iões	0.02
Sulfato	mg/l	Cromatografia	Método HACH 8051	Cromatógrafo de iões	2
Sódio	mg/l	de absorção atómica	FD T90-112	AAS	0.5
Potássio	mg/l	de absorção atómica	FD T90-112	AAS	0.5
Cobre (Cu)	mg/l	de absorção atómica	FD T90-112	AAS	0.05
Manganês (Mη)	mg/L	de absorção atómica	FD T90-112	AAS	0.05
Zinco (Zn)	mg/l	de absorção atómica	FD T90-112	AAS	0.05
Cianetos	mg/l N-	Espectrometria (método pirazalona-piridina)	-	DR3900	0,002
Nitritos	mg/l	Espectrometria (método de diazotação)	-	DR3900	0,002

Pesticidas	mg/l	Método de cromatografia em fase gasosa após extração líquido-líquido.	NF EN ISO 6468, NF EN ISO 11369	CG	0.0100

PARTE II

BURKINA FASO

Unidade - Progresso - Justiça

MINISTERE DE L'ENVIRONNEMENT,
DE L'EAU ET DE L'ASSAINISSEMENT

SECRETARIAT GENERAL

MINISTÉRIO DO AMBIENTE,
ÁGUA E SANEAMENTO

SECRETARIADO-GERAL

Resumo do relatório

Inquérito sobre a poluição das águas de um poço em Dédougou, na região de MOUHOUN BOUCLE

novembro de 2023

INTRODUÇÃO

A demografia galopante das cidades africanas em geral, e de Dédougou em particular, está a provocar problemas de abastecimento de água potável. Esta situação obriga os habitantes a recorrer à água dos poços, cuja qualidade bacteriológica e físico-química não é conhecida. No entanto, os poços, símbolo ancestral do acesso a esta preciosa substância nas zonas rurais, enfrentam atualmente uma ameaça invisível e devastadora. A poluição dos recursos hídricos caracteriza-se pela presença de microrganismos, substâncias químicas e resíduos industriais. A poluição dos recursos hídricos agravou-se e está a tornar-se cada vez mais recorrente no Burkina Faso com a utilização de produtos químicos como o cianeto e o mercúrio nos locais de exploração mineira e de garimpo, e está a agravar-se com a insegurança galopante em certas regiões, incluindo o Boucle du Mouhoun.

Como indicado, na segunda-feira, 06 de novembro de 2023, na sequência do envenenamento de alguns membros uma família que tinham consumido água de um poço tradicional na região de Boucle du Mouhoun, mais precisamente na aldeia de Passakongo, situada a cerca de dez (10) quilómetros de Dédougou, a Direção-Geral dos Recursos Hídricos foi chamada a efetuar investigações a fim de esclarecer a situação da população. Sob as instruções do Secretário-Geral do Ministério do Ambiente, da Água e do Saneamento, uma missão conjunta conduzida por agentes da Direção-Geral dos Recursos Hídricos (DGRE) e da Direção-Geral da Preservação do Ambiente (DGPE) deslocou-se a Dédougou na quarta-feira, 08 de novembro de 2023, e depois à aldeia onde ocorreu o incidente. Foram igualmente recolhidas amostras de água pela polícia da água em 15 de fevereiro de 2024 para efeitos de retrocontrolo.

O objetivo geral do trabalho era investigar o fenómeno da poluição do recurso e definir medidas para proteger as pessoas e os bens.

Mais concretamente, :

- Reunir-se com as autoridades a nível regional e informá-las do objetivo da missão;
- Falar com os habitantes da aldeia para compreender os factos do incidente;
- Recolher amostras de água para análise, a fim de identificar a origem da poluição;
- Formular recomendações para uma gestão sustentável da qualidade dos recursos hídricos.

Os resultados esperados foram :

- As autoridades regionais são informadas do objetivo da missão;
- As pessoas da aldeia mostraram interesse em compreender os factos do incidente;
- As amostras de água recolhidas são analisadas e o índice de poluição é traçado;
- São feitas recomendações para uma gestão qualitativa sustentável dos recursos hídricos.

1. RESUMO DA MISSÃO

A equipa começou **por** visitar o Departamento Regional de Água e Saneamento de Boucle du Mouhoun (DREA-BM) em Dédougou, onde se reuniu com Koura Bakary, o responsável pelo policiamento da água no departamento, para discutir o objetivo da missão e ouvir a sua versão dos acontecimentos.

As nossas discussões permitiram-nos recolher as seguintes informações:

- O nome da aldeia onde ocorreu o incidente é Passakongo, a cerca de 9 quilómetros do centro de Dédougou.
- Uma missão conjunta (DREA-BM) da Agência das Águas de Mouhoun (AEM) visitou o local na noite de segunda-feira, 06 de novembro de 2023, para observar a morte dos animais e recolher amostras de água para eventuais análises;
- Contactou a pessoa da Agência da Água responsável pelo relatório sobre a sua missão conjunta para se juntar a nós na DREA-BM, de modo a podermos ir juntos ao local do incidente;
- O relatório do Distrito Sanitário de Dédougou foi-nos fornecido para mais informações, enquanto se aguarda a chegada do agente.
- As informações contidas no presente relatório são apresentadas no quadro I :

Quadro 4: Relatório pontual (SpotRep) de envenenamento por água potável de um poço de dois membros uma família na aldeia de Passakongo na área sanitária de Passakongo, distrito sanitário de Dédougou.

ELEMENTOS	DESCRIÇÃO
Data de redação	06 de novembro de 2023 às 11 horas 56 minutos
Título ou nome do incidente :	Morte 6 animais de estimação Consulta de 02 pessoas da mesma família no CSPS de Passakongo

Fontes de informação	Enfermeira-chefe do CSPS de Passakongo
Declaração de factos:	Esta manhã, uma mulher e o seu filho vieram ao CSPS. Todos apresentavam os mesmos sinais: vómitos, dores de barriga e diarreia. Quando as interrogámos, disseram que tinham tirado e bebido água do poço onde habitualmente obtêm a água para beber. 5 cabras e um burro morreram depois de terem bebido da mesma fonte esta manhã. As pessoas que acompanhavam o doente e os entrevistados identificaram a água do poço como a fonte do envenenamento.
ELEMENTOS	DESCRIÇÃO
Acções :	- Informar a direção - Informar as autoridades da aldeia - Participação das comunidades no controlo para evitar o consumo de água dos poços - EIR distrital ativado para investigação na aldeia hoje - Tratamento sintomático dos doentes pelo pessoal através da administração de antipiréticos e reidratação. - Encerramento do poço infrator - Apreensão de animais mortos para impedir o seu consumo pelo público - Criação de uma equipa de vigilância para evitar o consumo da água do poço - Os agentes do processo foram aconselhados a elaborar uma lista de linhas e a aconselhar as escoltas e a população local.
Controlo da informação :	Esta situação é relatada pelo DRS da Saúde na região de Boucle du Mouhoun.
Ponto de contacto para o relatório	Dra. Nathalie W. OUADEBA. Médico-chefe do distrito sanitário de Dédougou Tel: (00226) 70 45 36 37

Pouco depois, chegou o agente da AEM, o Sr. DIBLONI Sami Edgard, encarregado de apresentar um relatório sobre a sua missão conjunta.
Após as saudações de cortesia, apresentou-nos um relatório sobre a sua missão.
Foram selecionadas as seguintes informações:

- Na sequência do desmaio de uma mulher e do seu filho após terem bebido água de um poço tradicional, uma equipa conjunta da Agência da Água de Mouhoun e do Departamento Regional de Água e Saneamento de Boucle du Mouhoun acorreu ao local do drama para recolher informações;
- Uma equipa do Laboratório Nacional de Saúde Pública também estará presente;
- O relatório descreve caso de uma mulher e do seu filho que beberam água de um poço que se revelou não potável. Desmaiaram em frente ao poço e foram encontradas pelo marido, que as levou para um centro de saúde. O seu estado continuava crítico quando deixámos o local **a 06 de novembro de 2023**.
- É também de referir que os animais que consumiram a mesma água morreram todos três (03) a cinco (05) minutos depois, segundo as testemunhas. Tratava-se de animais pertencentes a famílias DAKUO que viviam perto do poço em questão.
- A missão conjunta da AEM e do DREA-BM conseguiu recolher amostras de água do poço para análise. No total, foram retiradas cinco (05) latas contendo água do poço (três para a agência e duas para o escritório regional), levando em conta as medidas de segurança necessárias para o nosso bem-estar.
- A aldeia de Passakongo, onde ocorreu o incidente, situa-se numa zona vermelha.

- Alertar a segurança antes de qualquer movimento na zona.

A mesma informação foi obtida junto do Diretor Regional do Ambiente e do Médico-Chefe do Distrito de Dédougou, com quem nos encontrámos hoje.

Em segundo lugar, após as entrevistas, a missão deslocou-se ao local do incidente, acompanhada por KOURA Bakary e DIBLONI Sami Edgard, para efetuar observações e recolher amostras de água para análise. escoltados por dois agentes da Polícia Nacional. Fomos igualmente assistidos por um agente do Centre d'Information Sanitaire et de Surveillance Epidémiologique (Centro de Informação Sanitária e de Vigilância Epidemiológica) e pelo Major do CSPS de Passakongo.

Uma vez no local, encontrámos o CVD da aldeia de Passakongo. As conversas com o Chefe permitiram-nos recolher as mesmas informações que tínhamos obtido junto dos agentes da AEM e da DREA-BM e do relatório de saúde.

As observações e audições no terreno forneceram as seguintes informações:

- O poço existe há quase seis (06) anos;
- Está situado entre as concessões ;
- Trata-se de um poço tradicional com um meio-fio e sem tampa;
- Quando chegámos, o poço em questão já tinha sido selado com chapa metálica, como mostra **o Anexo 2;**
- À medida que se aproximava, cheirava a cianeto, que se tornou mais pronunciado quando a folha de metal foi removida para um olhar mais atento;
- Segundo o Sr. KOURA, responsável pelo policiamento das águas, era o cheiro a cianeto;
- Alguns membros da equipa começaram a sofrer de dores de cabeça;
- Quando questionados sobre se não tinham reparado num suspeito nas imediações do poço, a resposta da CVD foi que, no domingo, 5 de novembro de 2023, tinha havido até dois funerais na aldeia, pelo que foi no dia seguinte que o incidente foi registado;
- O número exato de animais mortos é de dois burros e cinco cabras (ver Anexo 2);
- Quatro pessoas foram afectadas: uma mulher e o seu filho pequeno, que deram entrada no hospital na manhã de 6 de novembro, a sua filha, que conseguiu vomitar a água contaminada no local, e um homem, que também escapou;
- Em todos os anos em que o poço foi escavado, nunca houve um caso como este;
- Os habitantes e os seus animais bebem a água deste poço;
- Para o número de pontos de água na zona, temos: A 46 metros, no mesmo

Um terceiro poço está situado a cem (106) metros a norte do primeiro. Existem pelo menos três furos nas proximidades, o mais próximo dos quais se encontra a cerca de 150 metros de distância, mas inacessível;

- Comunicado no local na quarta-feira, 08 de novembro: a mulher, o seu filho pequeno e a sua filha, que foram envenenados pela água do poço, estão bem;
- Os animais mortos foram incinerados;
- Não há sítios de garimpo nas imediações da aldeia;
- A 10 de novembro, as pessoas envenenadas estavam bem e o segundo poço já tinha sido encerrado, .

Depois de fazer as observações habituais, a equipa recolheu amostras de água e *fez* medições *in situ* no poço contaminado, em dois outros poços e no furo da escola. As suas coordenadas GPS foram registadas.

- O aspeto da água do poço infrator era cor-de-rosa, tal como o da água do segundo poço.

Apenas a água do terceiro poço era clara e límpida (**ver apêndice II**);

- Segundo testemunhas, o aspeto contaminado da água do poço explica-se pelo facto de a água ter sido agitada **em 7 de novembro de 2023**, numa tentativa de encontrar sinais da poluição em questão, mas sem sucesso;
- Assim, a agitação da água provocou reacções químicas, responsáveis pelo aspeto rosado da água do poço em questão, que, de resto, era cinzenta desde 6 de novembro, afirmaram (**ver Anexo 2**);
- As amostras de água recolhidas são mantidas frescas em refrigeradores. São depois enviadas para Laboratório de Análise de Águas Brutas da DGRE (para análise de parâmetros adicionais em alguns casos, e para o Laboratório de Análise da Qualidade Ambiental).

Para monitorizar a poluição do poço, foram recolhidas amostras de água em 15 de fevereiro de 2024 dos três (03) poços na zona de contaminação para verificação. Esta amostragem foi facilitada pelo Sr. KOURA Bakary da polícia da água do Departamento Regional de Água e Saneamento de Mouhoun em Dédougou e pelo CVD da aldeia de Passakongo.

2. RESULTADOS E INTERPRETAÇÃO

2.1. Equipamentos e métodos de análise utilizados

Os equipamentos e métodos utilizados para analisar os parâmetros estudados são indicados no quadro dos **apêndices III e IV**.

2.2. Apresentação dos resultados da análise

Tendo em conta que a água dos poços tradicionais é geralmente intragável e que as testemunhas do incidente suspeitavam de envenenamento por cianeto, foi possível orientar as nossas análises. Foram selecionados os parâmetros essenciais.

Os quadros II e III apresentam os resultados analíticos das amostras de água recolhidas nas duas campanhas de amostragem (primeira e segunda amostragem).

Quadro 5: Resultados da análise para a primeira amostra (novembro de 2023)

Cursos de Engenharia		*Resultados da análise*														
Código de amostra	*Localização geográfica*	*T (°C)*	*pH*	*Condutividade f/jS/cm)*	*Turbidita (NTU)*	*NO¿ (mg/D*	*Na (mg/l)*	*K (mg/l)*	*Cu (mg/l)*	*Mn (mg/l)*	*Fe (mg/l)*	*Zn (mg/l)*	*CN (mg/l)*	*(mg/l)*	*N03-* (mg/L)	W' *(mg/L)*
Pl(Puitsl)	I2⁰3Г24,2 "N OD3°25'I5.2 "W	32,4	9,53	3140	313,7	3,5	559	ILI	0,075	0,151	0,44	2,71	2,88	2,41	3,4	5
P2(Poço2)	I2⁰3Г25,2 "N 0D3°25'IG,3 "W	32,1	5,94	55,2	143	<0,02	3,318	5,51	<0,05	<0,05	1,31	<0,05	0,35	1,83	3,4	12
P3(Poço3)	I2°3I'27,G "N □□3°25'14,3 "W	33	4,45	72	17,83	<0,02	3,58	7,45	<0,05	<0,05	0,12	<0,05	0,002	0,28	0,2	<2
P4 (èco fe furo)	12°31'34,3 "N □□3°25'13,7 "W	32,7	5,32	55	10,43	0,002	2,011	8,588	<0,05	<0,05	0,3	<0,05	0,018	<0,11	28,2	<2
Decreto n.º 20l 185/PRES/PI Artigo? não	1- 1/MEE rmes de ннх por grau de	IB-40	5,5 è B,5	1000		0,2	30	30	0,05	0,05	0,3	0,5	0,05	1,5	50	150

quelites des petebiliseble! poluição																
Arrêté Conjoint 00019-2005/MAHRH/MS portent definition des normes de potebilité de Гееň			<B		5	3	200		1	0,1	0,3	3	0,07	1,5	50	250

A vermelho: valor que excede a norma, Bom: valor normativo, Outro: valor abaixo da norma.

Quadro 6: Resultados da análise para a segunda amostra (fevereiro de 2024)

Aulas de mecânica		*Resultados da análise*														
Amostras de coda	*Localização geográfica*	*T (°C)*	*pH*	*Condutividade (µ S/cm)*	*Torbidità (NTU)*	*HO/ (mg/i)*	*Ha (mg/D*	*K (mg/I)*	*Cu (mg/D*	*Mn (mg/D*	*Fa (mg/D*	*Zn (mg/D*	*C№ (mg/D*	*NH4+ (mg/D*	*NП3-* (mg/L)	W' *(mg/L)*
Pl(Puitsl)	I2°3Γ24,2 "N OD3°25'I5.2 "W	30,4	7,4G	428	72,D8	0,15	4,75	0,55	□,□72	0,097	0,66	□,II8	□,□17	6,97	1,4	1,2
P2(Poço2)	I2°3Γ25,2 "N 0D3°25'IG,3 "W	31,1	6,20	58,5	33,74	D,DDG	0,55	<D,5	<D,D5	0,091	□,□78	<D,D5	0,010	1,36	0,7	0,2
P3(Poço3)	I2°3I'27,G "N □□3°25'14,3 "W	30	5,90	GD	22,D8	0,81	0,5	<D,5	<D,D5	0,093	0,20	0,67	□,□□5	0,81	<D,2	<D,2
Decreto n°201 185/PRES/PI Artigo? não há quelites des petebiliseble! poluição	1- 1/MEE rmes de ниx por grau de	IB-40	5.5 è B.5	1000		0,2	30	30	0,05	0,05	0,3	0,5	0,05	1,5	50	150
Arrêté Conjoint 00019-2005/MAHRH/MS portent definition des normes de potebilité de Гееň			<B		5	3	200		1	0,1	0,3	3	0,07	1,5	50	250

A vermelho: valor que excede a norma, Bom: valor normativo, Outro: valor abaixo da norma.

2.3. Interpretação dos resultados da análise

Para todos os parâmetros estudados neste estudo, é importante notar que vários valores excedem as normas de potabilidade especificadas no Despacho Conjunto para as amostras do poço P1 em questão (**ver quadro 2**).

2.3.1. Temperatura

A temperatura (T) da água afecta a sua densidade e viscosidade, a solubilidade do oxigénio e a velocidade das reacções químicas e bioquímicas.

Os valores observados (32,1°C a 33°C) estão dentro do intervalo de temperatura aceitável para a água potável (18-40°C), o que está em conformidade com as normas gerais. No que diz respeito especificamente ao poço em questão, as duas amostras têm temperaturas diferentes

(32,4°C para a primeira e 30,4°C para a segunda), mas ambas estão dentro da gama normal para a água potável (**quadros 2 e 3**). Pequenas variações não parecem ser preocupantes para a potabilidade da água (**Smith et al., 2017**).

2.3.2. pH

O pH é o cologaritmo da concentração de iões de hidrogénio na água: 0 a 7 é ácido e 7 a 14 é alcalino.

O pH variou de 4,45 a 9,53 durante a primeira amostragem. Estes desvios em relação às normas (5,5 a 8,5) sugerem uma divergência significativa. Relativamente ao poço em questão, o pH é relativamente elevado na primeira amostragem (9,53), mas situa-se num intervalo aceitável (7,46) na segunda amostragem.

Valores mais ácidos ou básicos podem ter impacto na qualidade da água e afetar a potabilidade, potencialmente através de reacções químicas com elementos dissolvidos (**Vengosh et al., 2018**).

2.3.3. Condutividade

A condutividade eléctrica (CE) é uma medida da capacidade de uma solução aquosa conduzir uma corrente eléctrica, que depende da concentração de iões na solução. É sensível a variações na matéria dissolvida, principalmente sais minerais. A condutividade também aumenta com a temperatura da água.

A maioria dos valores observados está bem abaixo do limite máximo de 1000 µS/cm, que é geralmente aceitável para água potável. Isto indica uma baixa concentração de iões dissolvidos (**Huang et al., 2019**). No entanto, no caso do poço P1, o valor da condutividade foi demasiado elevado (3140 µS/cm) durante a primeira amostragem. Este valor diminuiu consideravelmente durante a segunda amostragem (428 µS/cm. Isto pode ser explicado pelas reacções químicas e bioquímicas geradas com o composto tóxico devido à agitação da água no poço em questão, o que tornou a água dura durante a primeira amostragem.

2.3.4. Turbidez

A turvação da água depende da natureza do terreno que atravessa, da estação do ano, da pluviosidade, do regime de escoamento e da natureza das descargas. Pode ser avaliada pela transparência da água.

A turvação das amostras variou entre 10,43 NTU e 313,7 NTU para a primeira amostra. No caso do poço em questão, a primeira amostra (313,7 NTU) era muito mais turva do que a segunda (72,08 NTU). Estes valores ultrapassam o limite de 5 NTU fixado pelo Despacho Conjunto. Isto pode dever-se ao facto de alguns dos poços do nosso estudo não terem pedras de cobertura e não estarem todos tapados. Por conseguinte, a água de escoamento e/ou as poeiras podem entrar facilmente nestes poços.

2.3.5. Elementos metálicos (cobre, ferro, zinco, manganês) :

As concentrações destes metais nas amostras variam. Para o cobre, o limite é de 0,05 mg/l, de acordo com o decreto. As amostras das fossas 1 e 3 excedem este limite. Para o manganês, a norma é de 0,1 mg/l. Apenas o Puits 1 excede este valor. No que respeita ao ferro, a norma é de 0,3 mg/l, e o Posto 1 ultrapassa este limite. No que respeita ao zinco, o limite é de 0,07 mg/l, e apenas Puits 1 ultrapassa este limite (**quadro 2**).

A maioria das amostras cumpriu as normas, exceto no que diz respeito ao ferro num caso. Um excesso de ferro pode alterar o sabor e a cor da água, mas não afecta necessariamente a sua potabilidade (**Soleimani et al., 2016**).

As concentrações de metais vestigiais variam consideravelmente entre as duas amostras. Em alguns casos, as concentrações na primeira amostra excedem as normas estabelecidas pelo decreto, enquanto noutros são inferiores.

2.3.6. Outros contaminantes (nitritos, amónio, cianetos, nitratos e sulfatos) :

As concentrações variam para cada amostra. É importante notar que vários valores excedem as normas de potabilidade especificadas no Despacho Conjunto para as amostras dos poços P1 e P2, particularmente no que respeita ao cianeto.

Na primeira amostragem, as concentrações de cianeto nas amostras de Puits 1, Puits 2 e Puits 3 variaram entre 0,002 e 2,88 mg/l. De acordo com o decreto, a norma para a água potável é de 0,05 mg/l. Do mesmo modo, a Organização Mundial de Saúde (OMS) recomenda que as concentrações de cianeto não excedam 0,07 miligramas por litro (mg/L) ou 70 µg/L. As amostras dos poços 1 e 2 excederam esta norma, enquanto as do poço 3 e do furo estavam abaixo dela. A água destes dois poços era, portanto, imprópria para consumo humano e animal. Esta poderia ser a causa do envenenamento observado em pacientes e animais.

Na segunda amostragem, todos os três (03) poços apresentaram concentrações de cianeto abaixo da norma, ou seja, em conformidade (**tabela 3**). O poço 1 apresentou uma concentração muito mais baixa de cianeto (0,017 mg/l), que está bem abaixo da norma autorizada para água potável. Este facto indica uma melhoria significativa da qualidade da água em comparação com a primeira amostra, mas é importante notar que mesmo concentrações baixas de cianeto podem ser perigosas para a saúde humana a longo prazo.

Os cianetos são extremamente tóxicos para os animais. Uma concentração de 200 microgramas por litro ^g/L) na água pode ser perigosa ou mesmo fatal para os animais, consoante o tempo de exposição e a quantidade consumida.

A toxicidade do cianeto manifesta-se de forma diferente consoante o indivíduo ou o meio recetor, o modo de exposição e a forma do cianeto, o que explica as diferentes reacções dos pacientes intoxicados após o consumo desta água de poço contaminada. A exposição ao cianeto pode ocorrer por inalação ou através da pele. O cianeto não se bioacumula nos organismos vivos. Actua diretamente como um veneno. O cianeto de hidrogénio (HCN) é o mais tóxico de todos os compostos de cianeto. No caso dos cianetos complexos, a toxicidade deve-se à facilidade com que o cianeto livre se dissocia do complexo.

A principal via de exposição dos seres humanos é a inalação. Uma vez que o cianeto não se bioacumula nos organismos vivos, os seus efeitos tóxicos mais graves ocorrem no interior dos organismos e devem-se à combinação do CN- com o ferro da hemoglobina, impedindo a oxigenação do sangue **(MCCARTY, 2002)**. Uma vez libertado no ambiente, o cianeto comporta-se de várias formas: complexação, adsorção, precipitação, volatilização e biodegradação. Embora o cianeto reaja facilmente no ambiente para formar complexos e sais de estabilidade variável ou se degrade, é altamente tóxico para os organismos vivos em concentrações muito baixas (**B. KONÉ, 2015**).

Dado que a aldeia está situada zona insegura, a elevada concentração de cianetos na água do poço em questão pode dever-se, por um lado, a um caso de crime, envenenamento ou ajuste de contas e, por outro, à infiltração de águas superficiais e à falta manutenção destes poços. A recolha de água de um poço que foi abandonado no solo é uma outra fonte de contaminação da água do poço.

A proteção das águas subterrâneas depende, em primeiro lugar, da boa manutenção dos furos, que podem causar contaminação direta, e da boa gestão das captações de água que os utilizam. Mas todos os actores da bacia hidrográfica estão implicados e devem participar na gestão global dos recursos hídricos. Complementada por regulamentações específicas, esta gestão global contribui para a preservação das águas subterrâneas.

A promoção da potabilização da água em casa e a sensibilização para práticas adequadas são essenciais para garantir a segurança alimentar e a saúde de todos. Há uma série de medidas que podem ser tomadas para garantir que a água em casa é segura para beber. Estas podem incluir a utilização de filtros de água para remover impurezas e contaminantes, a fervura da água para matar bactérias e parasitas, ou a utilização de produtos químicos desinfectantes, tais como lixívia, carvão ativado ou cal.

RECOMENDAÇÕES

As seguintes recomendações (**Quadro 4**) foram feitas na sequência das investigações para uma gestão sustentável da qualidade dos recursos hídricos.

Quadro 7: Recomendações para a gestão da qualidade dos recursos hídricos

N°	Recomendações	Prazo de execução	Estrutura do d'iivre
1	Assegurar o fecho do poço contaminado, bem como do segundo poço P2 na zona próxima e na mesma direção que o poço contaminado, para evitar qualquer envenenamento até às chuvas.	Nova encomenda	CVD, DREA, AEM
2	Abrir os poços em causa logo que as chuvas caiam para favorecer a purificação da água.	junho de 2024 possível	CVD, Polícia da Água
3	Instalar mais instalações de recolha de água potável (furos, sistemas de abastecimento de água, etc.) acessíveis a todos na zona, para o bem-estar da população.	Continuar	MEEA
4	Educar a população e sensibilizá-la para as boas práticas de higiene pública em torno dos pontos de água, a fim de prevenir as doenças de origem hídrica.	Continuar	MEEA, Agências de Água, DREA, Ministério da Saúde
5	Reforço dos sistemas de controlo e de vigilância da qualidade da água (redes de vigilância da qualidade da água, reforço dos meios técnicos dos laboratórios da DGRE e da DGPE).	Continuar	MEEA, DGRE, DGPE
6	Estabelecer um mecanismo de acompanhamento e controlo rigoroso da circulação de cianeto a partir dos postos de controlo nas fronteiras do país	Continuar	DGPE, ANEVE, BUMIGEG, Segurança, Alfândegas, LNSP(ANSSEAT)

CONCLUSÃO

O objetivo da missão era investigar o fenómeno da poluição das águas dos poços na aldeia de Passakongo, a cerca de 10 quilómetros de Dédougou, e definir medidas de proteção das pessoas e dos bens.

O estudo efectuado sobre a água de três (03) poços e do furo da escola da aldeia avaliou a sua qualidade físico-química. A água dos poços continua a ser uma fonte importante de abastecimento de água em Dédougou. Ela é utilizada para vários fins, nomeadamente alimentares.

A primeira amostra sugere uma contaminação grave da água por cianeto, enquanto a segunda amostra mostra uma melhoria, mas ainda requer atenção especial em termos de qualidade da

água potável. Os regulamentos governamentais devem ser seguidos de perto para garantir a segurança e a saúde pública do abastecimento de água.
A fim de prevenir as doenças de origem hídrica, é essencial aumentar o número de pontos de recolha de água potável e educar e sensibilizar a população para as boas práticas de higiene pública em torno das fontes de água ( ).

REFERÊNCIAS BIBLIOGRÁFICAS

- Despacho conjunto 00019-2005/MAHRH/MS que define as normas relativas à água potável ;
- B. KONÉ, É. K. YAO, B. SILUÉ, G. CISSÉ, N. SORO, Approvisionnement en eau potable, qualité de la ressource et risques sanitaires associés à Korhogo (Nord-Côte d'Ivoire), Environnement, Risques & Santé, 14 (2015);
- C. N. SAWYER, P. L. MCCARTY, Chemistry for sanitary engineers, (1967) [20] - J. P. CHIPPAUX, S. HOUSSIER, P. GROSS, C. BOUVIER, F. BRISSAUD, Etude de la pollution de l'eau souterraine de la ville de Niamey, Niger, Bull Soc Pathol Exot, 94 (2002) 119-123 [21] ;
- Decreto n°2001-185/PRES/PM/MEE, Artigo 7 Normas de qualidade da água por grau de poluição ;
- Huang, H. (2019). Condutividade como um indicador da qualidade da água;
- Normas da OMS para a água potável (2017) ;
- Soleimani, H. (2016). Ferro na água potável: é seguro?
- Smith, J. (2017). Normas de qualidade da água e o seu papel na gestão da qualidade da água;
- Vengosh, A. (2018). A Química da Água;

APÊNDICE 1: LISTA DAS PESSOAS-RECURSO COM QUEM SE REUNIU NO LOCALIDADE

Apelido e nome(s) próprio(s)	Estrutura	Contactos	
KOURA Bakary	Direção Regional da Água e do Saneamento de Boucle du Mouhoun	70 75 16 55	
DIBLONI Sami Edgard	Agência da Água de Mouhoun	Tel	70 68 77 13
DAKYO Matthieu	Chefe de aldeia (CVD)	Tel	71 03 51 58
Oficial PARE Manassé	Polícia Nacional	Tel	56 13 16 66
Oficial de Garantia SOALA Roland	Polícia Nacional	Tel	76 45 16 32
Dra. Nathalie W. OUADEBA.	Distrito sanitário de Dédougou	Tel	70 45 36 37
COULIBALY Ali	Departamento Regional do Ambiente de Boucle du Mouhoun	Tel. 768	70163614/ 07494
KIENOU Ilarian	Centro de Informação Sanitária e Vigilância Epidemiológica	Tel : 70 61 11 30	
SOMPOUGDOU Paul	Passakongo CSPS	Tel: 70 52 96 81	

ANEXO 2: FOTOS ILUSTRATIVAS, DGRE, NOVEMBRO DE 2023

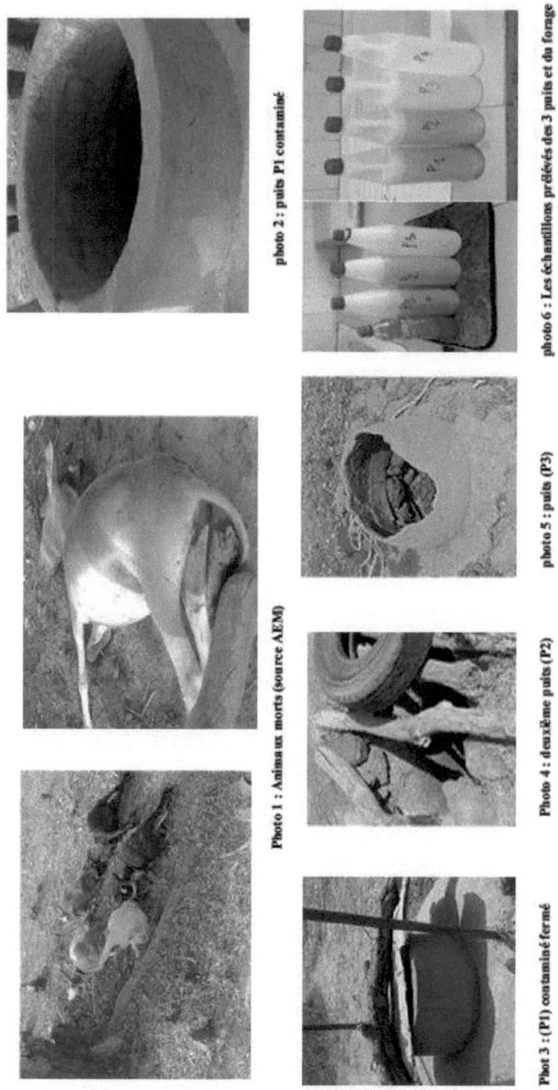

Foto 1: Animais mortos (fonte AEM) Foto 2: Poço contaminado P1 Foto 3: (P1) poço contaminado fechado Foto 4: segundo poço (P2) Foto 5: poço (P3) Foto 6: Amostras recolhidas nos 3 poços e no furo

ANEXO 3: QUADRO I: DEFINIÇÃO DE ALGUNS DOS PARÂMETROS ESTUDADOS

Categorias	Parâmetros	Descrição/interesse
Parâmetros físico-químicos clássicos/ Medições in situ	Temperatura	Influencia o equilíbrio químico.
	pH	Mede a acidez; distinção entre água ácida e básica; ligada natureza do aquífero e condições ambientais
	Condutividade	Indica o nível mineralização da água
	Oxigénio dissolvido e percentagem de saturação	Determina a atividade biológica do ambiente e o seu estado de poluição
	Turbidite	Fornece informações sobre a clareza da água
Parâmetros organolépticos	Cor	Indica a cor da água
	□deur	Saber mais sobre o Todeur de l'eau
Elementos maiores, oligoelementos metálicos	Potássio	Mede o teor de potássio; indicador de mineralização
	Sódio	Mede o teor de sódio; indicador da existência de aquíferos contendo silicatos ou cloreto de sódio
	Cloretos	Mede o teor destes elementos e fornece informações sobre a natureza do aquífero e a poluição da água
	Nitratos	
	Nitritos	
	□fosfatos rtho	
	Sulfatos	
Categorias	**Parâmetros**	**Descrição/interesse**
	Cianurés livres	Mede o teor de cianetos livres; fornece informações sobre a contaminação de águas residuais industriais ou artesanais e efluentes mineiros
	Total de cianetos	Mede o teor total de cianeto; fornece informações sobre a contaminação de águas residuais industriais ou comerciais e de efluentes mineiros
	CuivPE	Mede o teor de cobre; presente em águas superficiais ou em água doce; a sua fonte é a rocha ou efluentes da indústria, mineração, etc.
	Zinco	Mede o teor de zinco; presente em águas superficiais ou subterrâneas; a fonte é a rocha ou efluentes industriais ou mineiros.
	Manganês	Mede o teor de manganês; a sua origem é a rocha ou a poluição causada pela atividade humana

APÊNDICE 4: QUADRO I: ALGUNS DOS EQUIPAMENTOS E MÉTODOS DE ANÁLISE UTILIZADOS

Parâmetros de análise	Unidades	Métodos	Normas	Equipamento utilizado	Limites de deteção
Temperatura	DC	Eleger rochimigue	NF EN 27888	Condutor de calor 32ID	O.OàGO.O
pH		Eleger rochimigue	NET 9D-DD8	Hanna HI 98128	-2,00ÒIG,00
Condutividade	pS/cm	Eleger rochimigue	NF EN 27888	Condutor de calor 32ID	0.0 à 3999
Turbidite	NTU	Nefelometrigue	NFENISD7D27	Turbidímetro 355 IR	0.02
Cloreto	mg/1	Cromatografia	Método HACH 8D48	CromatógrafoE Ionigue 1C Mctrohm	0.02
Nitrato	mg/1	Cromatografia	Método HACH 8114	CromatógrafoE Ionigue 1C Mctrohm	0.3
Fosfato	mg/1	Cromatografia	Método HACH 8DD8	CromatógrafoE Ionigue 1C Mctrohm	0.02
Sulfato	mg/1	Cromatografia	Método HACH 8D5I	CromatógrafoE Ionigue 1C Mctrohm	2
Sódio	mg/1	de absorção atómica	FD T9D-II2	SAA Perkin Elmer Pin AAClE 9DDT	0.5
Potássio	mg/1	de absorção atómica	FD T9D-II2	SAA Perkin Elmer Pin AAClE 9DDT	0.5
Cobre (Cu)	mg/1	de absorção atómica	FD T9D-II2	SAA Perkin Elmer Pin AAClE 9DDT	0.05
Manganês (Mn)	mg/L	de absorção atómica	FD T9D-II2	SAA Perkin Elmer Pin AAClE 9DDT	0.05
Zinco (Zn)	mg/1	de absorção atómica	FD T9D-II2	SAA Perkin Elmer Pin AAClE 9DDT	0.05
Cianetos	mg/1 N-	Espectrofotometria (método pirazalona-piridina)	-	DR39DD	0,002
Nitritos	mg/1	Espectrofotométrico (método da diazotação)	-	DR39DD	0,002

PARTE III

BURKINA FASO

Unité - Progrès - Justice

MINISTERE DE L'ENVIRONNEMENT,
DE L'EAU ET DE L'ASSAINISSEMENT

SECRETARIAT GENERAL

BURKINA FASO

Unidade - Progresso - Justiça

MINISTÉRIO DO AMBIENTE,
ÁGUA E SANEAMENTO

SECRETARIADO-GERAL

RELATÓRIO DE MISSÃO

Inspeção e recolha de amostras de água
do rio Poni na sequência de actividades ilegais
pela empresa mineira LSM Gold Corporation na comuna de
Corporation na comuna de Gbomblora,
Província de Poni, Região Sudoeste

janeiro de 2024

INTRODUÇÃO

A poluição dos recursos hídricos caracteriza-se pela presença de microrganismos, substâncias químicas ou resíduos industriais. Esta poluição pode ter várias origens (poluição industrial, poluição agrícola, poluição doméstica, poluição acidental). A poluição dos recursos hídricos agravou-se e é cada vez mais recorrente no Burkina Faso com a utilização de produtos químicos como os cianetos nos locais de extração mineira e de garimpo.

Na sequência de uma queixa da população de Ouadaradouo e das aldeias vizinhas da comuna de Gbomblora, província de Poni, região sudoeste, sobre a poluição das águas do rio causada pelas actividades mineiras, a Direção-Geral dos Recursos Hídricos foi chamada a recolher amostras para determinar a posição das diferentes partes.

OBJECTIVOS DA MISSÃO

Objetivo geral

Efetuar uma nova visita ao local, falar com a população local e recolher amostras para análise laboratorial.

Objectivos específicos

Os objectivos específicos da tarefa são seguintes: :

- Reunir e discutir com as autoridades locais e regionais para as informar dos objectivos da missão;
- intercâmbio com a população local;
- efetuar análises in situ e recolher amostras de água para análises laboratoriais aprofundadas.

RESULTADOS ESPERADOS :

Os resultados esperados no final da tarefa são :

- as autoridades regionais e locais sejam informadas do objetivo da missão;
- Os debates são realizados com o público;
- As análises in situ e as amostras de água são para uma análise laboratorial aprofundada.

ESTADO DO JOGO

A missão foi constituída por uma equipa do Ministério da Energia, Minas e Pedreiras, da Direção-Geral dos Recursos Hídricos, da Direção-Geral da Preservação do Ambiente, da Direção Provincial do Ambiente de Poni e por um agente da Polícia Hidrográfica do Sudoeste. A missão teve lugar no domingo, 21 de janeiro de 2024.

Chegados a Gomblora às 8h40, a missão encontrou-se com o Prefeito, Presidente da Delegação Especial da comuna, durante a qual nos explicou o contexto dos acontecimentos e nos aconselhou evitar qualquer inconveniente no terreno.

Apresentou-nos os vários relatórios das reuniões anteriores.

Partimos de Gomlora e chegámos a Ouadaradouon às 10 horas da manhã para encontrar uma barreira erguida pela população local para impedir o acesso ao local. Depois de falarmos com eles, disseram-nos que esta missão era uma missão a mais e que as missões efectuadas até então para resolver o problema tinham sido infrutíferas e que não queriam mais missões.

No entanto, conseguimos aceder ao primeiro local e verificámos que a água do rio estava visivelmente turva.

No local de trabalho, a água foi desviada artificialmente pela empresa mineira. Existe uma barragem de terra no leito do rio. A empresa mineira escavou um canal para desviar a água do rio. Este canal não vai longe, pois a mesma empresa utilizou-o para criar uma albufeira (lagoa artificial) para o tratamento dos seus minérios, criando assim uma descontinuidade no fluxo de água e, consequentemente, uma provável perturbação do ecossistema aquático tanto a montante como a jusante. Quanto à qualidade da água, estão a ser efectuadas análises para verificar se a água está poluída.

De facto, a exploração mineira é mesmo efectuada no leito menor do curso de água.

No que diz respeito ao estaleiro, os trabalhos parecem ter parado, mas no que diz respeito à população, os trabalhos continuam clandestinamente durante a noite. As máquinas pesadas continuam no local, vigiadas por dois seguranças, dia e noite.

Uma vez terminada a inspeção deste local, regressámos à aldeia (Ouadaradouon) e fomos depois acompanhados ao segundo local, em Wakindouon. Houve também uma forte mobilização da população. As pessoas das aldeias que atravessámos a caminho do local juntaram-se a nós para lá chegar.

Durante o percurso, foram encontrados novos equipamentos de extração mineira e, em conversa com o seu depositário, verificou-se que pertenciam à mesma empresa mineira.

Quando chegámos ao local (Wakindouon), a destruição ambiental era a mesma que no primeiro local. Foram também recolhidas amostras de água para análise.

O público está a dar às autoridades uma semana para resolverem o problema, caso contrário, fá-lo-ão à sua maneira.

É de salientar que acompanhados por grandes multidões em ambos os sítios.

No regresso da missão, fizemos um ponto de situação ao PDS da comuna de Gomblora e ao Alto Comissariado de Poni, que telefonou imediatamente ao promotor para o informar da presença da missão e do que se dizia no terreno sobre o exercício clandestino de actividades. Este último afirmou que se tratava de uma informação falsa e que não havia qualquer atividade no terreno.

OBSERVAÇÕES EFECTUADAS NOS SÍTIOS

As observações efectuadas no terreno são :

- ocupação das margens do rio até ao seu leito;
- o solo aluvial é levado até ao leito do rio;
- foram construídos diques evitar o escoamento;
- Foram certamente efectuadas grandes escavações profundas, com 50 metros de diâmetro e 15 metros de profundidade, para recuperar o solo aluvial,
- lamas que tendem a criar uma forma de zona húmida ao pé das plataformas de lavagem do minério;
- destruição de espécies lenhosas.

Tendo em conta o que precede, foram infringidos os seguintes regulamentos:

- Lei n.º 002-2001/AN, de 8 de fevereiro de 2001, relativa à orientação da gestão dos recursos hídricos, através dos artigos 24º, 26º e 27º e punida pelos artigos 60º e seguintes;
- Artigos 234.º e 235.º da Lei n.º 003-2011/AN, de 5 de abril de 2011, relativa ao Código Florestal da BF, cujas sanções estão previstas nos artigos 264;
- e 71.º da Lei n.º 006-2013/AN, de 2 de abril de 2013, relativa ao Código do Ambiente do Burkina Faso, que sublinha a necessidade de obter uma autorização prévia após a realização de um estudo de avaliação ambiental e social; e, por conseguinte, punível nos termos dos artigos 126.º e 135.º da referida lei, com a suspensão dos trabalhos nos termos do artigo 103.

RESULTADOS DA ANÁLISE

Código de amostra	T (°C)	pH	Condutividade (pS/cm)	Turbidez (NTU)	Bicarbonatos (mg/l	NO_2 (mg/l)	Ca (mg/L	Cu (mg/l)	Mn (mg/l)	Fe (mg/l)	Zn (mg/l)	CN- (mg/l)	NH4+ (mg/l)	CBO (mg/l)	CQO (mg/l)
Pl-Sl	27,	6,6	93,1	1037	41,97	0,02	14,9	0,17	0,48	0,20	0,04	0,00	0,58	405	576

	3	7					1					3			
P2-S1	27,5	6,63	100,4	1043	31,11	0,05	15,07	0,18	0,87	0,19	0,04	0,011	2,03	306	422
P3-S1	27,6	7,21	262,0	24,01	64,54	0,03	36,87	0,07	0,09	0,37	0,00	0,008	0,82	103	136
P1-S2	27,8	6,89	119,7	407,1	33,06	0,02	16,99	0,07	0,19	0,10	0,15	0,005	0,72	32	47
P2-S2	27,1	6,90	104,9	778,5	31,72	0,02	15,87	0,10	0,04	0,23	0,00	0,002	0,79	19	28
Perfuração (dimora)	24,3	7,11	469,0	1,18	197,15	0,03	70,46	0,07		0,03	0,60	0,002	0,50		
Decreto № 2015-1205/PRES-TRANS/PM/MERH/MA RHASA/MS/MICA/MM E/MIDT/MATD sobre normas e condições para a descarga de águas residuais	18-40	6,5 à 9		-				2	5	10		-	-	40	150
Decreto №2001-185 PRES/PM/MEE que estabelece normas para a descarga de poluentes no ar, na água e no solo	-	-	1 000	5		0,2	500	-	-	-	5	1	1	50	150

Site №1: **Ouadaradouon** Sítio №2 : **Wankidouon**

INTERPRETAÇÃO DOS RESULTADOS

Na sequência de análises laboratoriais complementares, foram obtidos os seguintes resultados.

Turbidez (NTU) :

Os valores de turvação variaram significativamente entre as amostras, indo de 24,01 NTU a 1043 NTU, acima das normas actuais. A turbidez elevada confirma a presença significativa de partículas em suspensão na água, como observado visualmente (ver fotos ilustrativas).

Cianeto (CN-)

A presença de cianeto foi observada em baixas concentrações nas amostras recolhidas, variando entre 0,002 mg/l e 0,011 mg/l. Estes vestígios de cianeto poderiam indicar uma poluição por cianeto que se dissipou com o tempo.

Amónio (NH4+)

As concentrações de amónio variam de 0,5 mg/l a 2,03 mg/l. A presença de amónio pode estar relacionada com a decomposição da matéria orgânica.

Carência química de oxigénio (CQO)

Os valores de COD são bastante elevados, variando entre 28 mg/L e 576 mg/L. Isto indica a quantidade de oxigénio necessária para oxidar os compostos orgânicos presentes na água.

Carência biológica de oxigénio (CBO5) a 5 dias

Os valores de CBO5 variam entre 19 mg/L e 405 mg/L. Este valor mede a quantidade de oxigénio consumido pelos microrganismos durante um período de 5 dias, o que constitui um indicador da carga orgânica da água.

Furo (Ounora): Os dados relativos ao furo de Ounora mostram níveis relativamente baixos para todos os parâmetros medidos, o que sugere uma melhor qualidade da água em comparação com os pontos de amostragem.

Em conclusão, as análises revelam variações significativas da qualidade da água entre os vários pontos de amostragem, com concentrações elevadas de certos parâmetros, como a turvação e os índices químicos e bioquímicos. Devem ser tomadas medidas imediatas para pôr termo à extração e ao tratamento do ouro no leito do rio Poni e para repor o local no seu estado original.

RECOMENDAÇÕES

Tendo em conta as poluições observadas (visuais, físicas, químicas) na sequência da saída de campo e das análises laboratoriais, formulamos as recomendações que constam do quadro seguinte:

N°	Recomendação	Diretor	Outros jogadores	Prazo de entrega	Comentários
1	Assegurar o cumprimento rigoroso das medidas de suspensão das obras ordenadas pelo prefeito	Governadorado		Imediato	Os trabalhos continuam no subsolo
2	Transmitir o PV de constant e os elementos constitutivos ao Procurador da República junto do Gaoua TGI (Tribunal de Grande Instância) para dar início a um processo judicial por poluição e alteração do regime hídrico contra o promotor SOME Benild e a LSM Gold Corporation.	Departamento de Polícia de Águas do Sudoeste	DREA/SUO DGRE AJE	Imediato	O auto lavrado deve ser apresentado ao Ministério Público. Anexar igualmente cópias da suspensão ordenada pelo prefeito e da convocação para comparecer perante o MEEA, se for caso disso.
3	Restaurar o sítio ao seu estado original	LSM Gold Corporation	ALGUMAS BÊNÇÃOS	Imediato	Restabelecer o caudal do rio "Poni" bloqueado, preencher as escavações
4	Plantação para compensar a vegetação danificada	LSM Gold Corporation	ALGUMAS BÊNÇÃOS	julho a setembro de 2024	

CONCLUSÃO

A missão constituiu uma oportunidade para inspecionar as actividades da LSM Gold Corporation, constatar os danos, recolher amostras para análise e propor soluções para resolver a crise.

Apêndice 1: Composição da missão

N°	Nome completo	Estrutura	Contacto
	BELEMSOGO Aristide	MEMC	71 50 79 79
	Hipólito SAWADOGO	DCRP/MEMC	
	BAKO Adolphe	DGRE	70 03 84 04
	SAMA W. Pierre	DGRE	
	SAAOGO Hilaire	ECD/Poni	51 00 27 28
	ZON Hamidou	DCRP/MEMC	
	N'DO Joas Wenceslas	DGPE/DLAQE	76 52 68 01

Apêndice 2: Lista de pessoas contactadas

N°	Nome completo	Estrutura	Contacto
1	SENI D. Bienvenu	PDS/Gomblora	
2	GUENGUERE Lucien	Haut- comm/Poni	

Apêndice 3: Imagens dos sítios

SANY

PARTE IV

BURKINA FASO

Unité - Progrès - Justice

MINISTERE DE L'ENVIRONNEMENT,
DE L'EAU ET DE L'ASSAINISSEMENT

SECRETARIAT GENERAL

BURKINA FASO

Unidade - Progresso - Justiça

MINISTÉRIO DO AMBIENTE,
ÁGUA E SANEAMENTO
SECRETARIADO-GERAL

RELATÓRIO DE MISSÃO

INQUÉRITO SOBRE A MORTE DE
DE PEIXES NA BARRAGEM DE KORSIMORO
BARRAGEM DE KORSIMORO, REGIÃO CENTRO-NORTE

março de 2024

INTRODUÇÃO

No Burkina Faso, a preservação e a utilização sustentável dos recursos hídricos é um dos pilares centrais da política de desenvolvimento. Foram implementados numerosos projectos e programas para melhorar o acesso a este recurso, através da construção de obras de captação de águas subterrâneas e de reservatórios de águas superficiais. No entanto, esta iniciativa enfrenta um duplo desafio: satisfazer a procura crescente de água e fazer face ao impacto das alterações climáticas.

Neste contexto, os beneficiários do projeto estão a integrar cada vez mais a utilização de insumos agrícolas para aumentar a sua produção e fazer face aos riscos climáticos. Embora esta prática seja necessária para aumentar os rendimentos, apresenta riscos para o ecossistema aquático, particularmente devido à má utilização de fertilizantes orgânicos ou minerais e pesticidas (Zongo, A. et al. 2018).

Os excedentes destes produtos, transportados pelas águas de escoamento, acumulam-se nas albufeiras de águas superficiais, provocando uma eutrofização prejudicial ao seu equilíbrio ecológico. As entradas de elementos como o fósforo, o azoto e o enxofre contribuem significativamente para este fenómeno. Além disso, estão a surgir outros riscos, incluindo a contaminação patogénica devido a inundações e o aumento das concentrações de poluentes durante os períodos de seca (Zongo, A. et al. 2018).

O problema da poluição dos recursos hídricos agravou-se nos últimos anos no Burkina Faso, devido à utilização de produtos químicos, nomeadamente cianetos, nas actividades mineiras e de garimpo. Esta situação suscita grandes preocupações quanto à preservação da qualidade da água e da saúde pública no país.

Todos os anos, em todo o país, são registados incidentes de poluição em cursos de água de superfície e reservatórios. Estes incidentes de poluição resultaram na morte de animais e peixes.

Recentementeo Presidente da Delegação Especial Provisória da comuna de Korsimoro, na região Centro-Norte, enviou uma nota à população da referida comuna sobre os casos de morte de peixes na barragem de Korsimoro em 12, 13 e 14 de março de 2024.

Por ordem do Secretário-Geral do Ministério do Ambiente, da Água e do Saneamento, uma missão conjunta chefiada por agentes da Direção-Geral dos Recursos Hídricos (DGRE) e da Direção-Geral da Preservação do Ambiente (DGPE) deslocou-se à Região Centro-Norte, mais precisamente a Korsimoro, em 15 de março de 2024, para efetuar investigações técnicas sobre a morte de peixes na barragem da aldeia.

O objetivo geral da missão era determinar as causas prováveis desta mortandade de peixes na barragem de Korsimoro.

Os objectivos específicos da missão eram os seguintes

- Reunir-se com as autoridades a nível regional e/ou local e mantê-las informadas

o objetivo da missão ;

- Efetuar levantamentos diretos da poluição no local na barragem e

entrevistando os residentes locais;

- Realização de análises in situ e recolha de amostras de água para análise.

análises laboratoriais aprofundadas ;

Os resultados esperados foram :

- As autoridades a nível regional e/ou local informadas do objetivo.

da missão ;

- Foram efectuadas inspecções no local da barragem e os residentes locais

foram questionados sobre a situação;
- Análises in situ e recolha de amostras de água para análise foram efectuadas no laboratório;

1. RESUMO DA MISSÃO

A equipa de missão deslocou-se primeiro à Câmara Municipal de Korsimoro, onde se encontrou com o Presidente da Delegação Especial interina, Sr. OUEDRAOGO Seydou, para discutir o objetivo da missão. Segue-se um resumo das informações recolhidas durante estas discussões:

- O Sr. OUEDRAOGO Seydou ainda não visitou pessoalmente o local.
- Descreveu o incidente como um caso de envenenamento.
- Testemunhas no local observaram garrafas de pesticidas à volta da barragem.
- A piscicultura é tradicionalmente praticada no leito da barragem por um grupo de pescadores, utilizando estruturas flutuantes ou currais.
- Os primeiros sinais de mortalidade dos peixes foram registados em 12 de março de 2024, mas em números insignificantes.
- Em 14 de março de 2024, o número de peixes mortos aumentou significativamente.
- Os peixes mortos não foram comidos, mas incinerados sob a supervisão das autoridades locais e da polícia.
- As amostras de peixe, de lama e de água foram recolhidas por vários serviços técnicos, entre os quais o Ministério dos Recursos Pesqueiros, a Direção Regional da Água e do Saneamento e a Agência Nacional para a Segurança Ambiental, Alimentar, Laboral e dos Produtos de Saúde (ANSSEAT, antigo LNSP);
- A horticultura comercial também é praticada em torno da barragem.
- Este incidente parece ser o primeiro na barragem, de acordo com as informações fornecidas. A equipa de missão encontrou-se **em seguida** com o Secretário-Geral da Câmara Municipal de Korsimoro, Ange LANKOANDE, que aguardava com impaciência a chegada do governador para visitar a barragem. Alguns minutos mais tarde, chegou o representante do governador da região Centro-Norte, que era o Alto Comissário da Província de Sanmatenga. Após as saudações de cortesia, a missão deslocou-se ao local da barragem, acompanhada pelas autoridades municipais de Korsimoro e pelo Alto Comissário.

Uma vez no local, encontrámos vários intervenientes **(Anexo 1)** que tinham vindo pela mesma causa. Os contactos com alguns deles, como o prefeito interino de Korsimoro e o presidente da cooperativa de pescadores tradicionais, permitiram-nos recolher as mesmas informações que as obtidas junto da Câmara Municipal de Korsimoro.

Mas o que parece incoerente nas suas explicações é o facto de os pescadores afirmarem que a mortandade de peixes não afectou todas as cabanas flutuantes, mas apenas algumas que se encontravam na mesma massa de água, próximas umas das outras e partilhando a mesma água. Além disso, o incidente afectou peixes grandes (com peso superior a 300g).

Um relatório do Serviço Departamental de Agricultura, Recursos Animais e Pescas de Sanmatenga, em Korsimoro, forneceu mais pormenores:

- A mortalidade de peixes na barragem começou em 12 de março de 2024 com um pequeno número de peixes e a maior mortalidade registada foi em 14 de março de 2024 ;
- A mortalidade afectou os peixes grandes com 05 meses de idade;
- Em 14 de março de 2024, oito (08) cabanas flutuantes e quatro (04) recintos foram afectados pela mortalidade;

- Os peixes nas outras cabanas e currais flutuantes no meio da barragem ainda estavam intactos e não foi observada nenhuma mortalidade;
- Foram contados mais de 2.752 Oreochromis niloticus mortos pertencentes a três (03) piscicultores.
- Os peixes mortos foram levados para outro local para serem incinerados, tal como consta da ata.

No terreno, a equipa da missão conjunta pôde fazer as seguintes observações:

- Uma elevada densidade de hortas nas margens da barragem e em redor da albufeira, apesar das medidas de proibição de ocupação;
- Garimpo de ouro na zona, nomeadamente na zona mediana a leste da barragem,
- Instalação de bombas giratórias em ambos os lados da barragem para disponibilizar água para a horticultura comercial;
- Máquinas de trituração de granito à procura de ouro em toda a barragem;
- A água da barragem não é muito turva;
- Presença de currais e cabanas flutuantes na água da barragem utilizados como jaulas para a piscicultura (**Anexo 2**);
- Movimento de peixes vivos em determinadas jaulas no local do incidente;
- Os peixes vivos são da mesma espécie (*Oreochromis niloticus*) que os peixes ;
- Foram encontrados alguns pedaços de peixe morto no chão, na margem esquerda, perto do local do incidente;
- Cavar buracos para procurar ouro no lado mediano da margem direita;
- Não há plantas invasoras na barragem;
- Uma descida considerável do nível da água ;
- O reservatório começou assorear (montes de terra no meio do reservatório).

Com base nestas constatações, alguns residentes locais estão a acusar os pescadores de utilizarem garrafas contaminadas com pesticidas para recolher água ou alimentar os peixes. Um saco de 25 kg cheio de garrafas com pesticidas foi-nos apresentado como prova. Ou a comida fornecida aos peixes era de má qualidade ou mesmo tóxica. Finalmente, suspeitou-se também de um caso de criminalidade ou de ajuste de contas através da utilização de veneno ou de recipientes contaminados.

Finalmente, após estas observações de rotina, a equipa recolheu amostras de água e efectuou medições *in situ* em ambas as margens da barragem.

Foram identificados e codificados três pontos de amostragem (**Apêndice 2**) (P1: margem esquerda: local 1 do incidente, P2: margem esquerda: local 2 do incidente e P3: margem direita do lado mediano: local das escavações de garimpo). As suas coordenadas GPS foram recolhidas.

As amostras de água foram recolhidas em conformidade com as normas burquinenses "NBF 08-003-1 a 4: 2018" relativas à recolha de amostras de água, incluindo as águas de superfície. As amostras de água recolhidas são mantidas frescas em refrigeradores. Algumas são depois enviadas para o Laboratório de Análise de Águas Brutas da DGRE (para análise de parâmetros adicionais, como iões maiores e oligoelementos), enquanto outras são enviadas para o Laboratório de Análise da Qualidade Ambiental (para análises de CBO5 e CQO).

2. METODOLOGIA DE ANÁLISE

- 2.1. Análise in situ

As medições in situ abrangeram os seguintes parâmetros: temperatura, pH, condutividade, turbidez e oxigénio dissolvido.

- **2.2. Análises laboratoriais**

As análises laboratoriais foram efectuadas em :

- Iões principais: nitratos (NO_3^-), nitritos (NO_2-), ortofosfatos (HPO_4^{2}), bem como o sódio (Na) e o potássio (K),
- Metalóides (oligoelementos metálicos): cobre (Cu), zinco (Zn), Manganês (Mn), Ferro (Fe) ;
- Os índices químicos [carência biológica de oxigénio (CBO_5) e carência bioquímica de oxigénio (CBO3)] baseiam-se nos seguintes parâmetros Carência química de oxigénio (CQO)).

- **2.3 Equipamentos e métodos de análise utilizados**

Os equipamentos e métodos utilizados para analisar os parâmetros estudados são indicados no quadro do apêndice 4.

3. RESULTADOS E INTERPRETAÇÃO

3.1. Apresentação dos resultados da análise

O quadro 1 apresenta os resultados das análises in-tu e laboratoriais de vários parâmetros físico-químicos.

Quadro 8: Resultados das medições in situ e da análise laboratorial das amostras de água

Amostras		*Resultados da análise*															
Amostras de Cade	Localização geográfica	Temperatura (°C)	pH	¡vidade de condução (pS/cm)	Turbidite (NTO)	Oxigénio dissolvido (mg/l)	Sódio Na (mg/l)	Potássio K (mg/l)	Cobre Cu (mg/l)	Manganês Mn (mg/l)	Ferro Fe (mg/l)	Zinco Zn (mg/l)	Cianetos GN' (mg/l)	Amónio NH4+ (mg/l)	Nitritos (mg/l)	Fosfato Drtho - HPD4 3- (mg/L)	CQO (mg/L) 02
PI (Local de incidente 1)	I2°49'33.9 "N DDI°D2'5 D,9 "W	33,9	9,90	137,3	214,9	4,90	10,55	1,95	<0,05	0,25	0,91	<0,05	0,009	0,90	0,020	0,19	39
P2 (Lieo 2 de ('incidente)	I2°49'32, W "N D DI°D 2'51,2 "W	33,2	7,41	135,9	130,9	9,49	9,39	3,23	<0,05	0,19	0,57	<0,05	0,009	0,74	0,049	0,23	50
P3 (Zona de extração de ouro)	I2°49'34,D "N DDI°D2'22 .9 "W	33,9	9,05	135,7	134,9	7,24	3,72	5	<0,05	<0,05	0,91	<0,05	0,014	0,95	0,093	0,03	II
Normas nacionais[1]		-	9à 10,3	IODO	-	>5	-	-	0,3	-	-	<1	-	<1	<0,03	-	-
Normas marroquinas[5]		9<T<3D	5 à 9	<3000	-	>3	-	-	<40	<0,1		<1,3	<0,05	<1	<0,5	-	<30

[1] **Decreto n.º 2001-185/PRES/PM/MEE que estabelece normas para a descarga de poluentes no**

[5] **Decreto conjunto do Ministério do Ordenamento do Território, da Água e do Ambiente n°2028-03 (5 de novembro de 2003) que fixa as normas de qualidade das águas piscícolas do Maree.**

ar, na água e no solo, artigo 9.º: definição de normas para a proteção da qualidade das águas piscícolas.

3.2. Interpretação dos resultados da análise

3.2.1. Temperatura

A temperatura da água afecta a sua densidade e viscosidade, a solubilidade do oxigénio e a velocidade das reacções químicas e bioquímicas.

As temperaturas variaram entre 33,2°C e 33,9°C, o que é consistente com uma temperatura normal para um ambiente aquático para *Oreochromis niloticus*.

Este aumento da temperatura pode dever-se a vários factores, como as alterações climáticas, a atividade humana ou o período durante o qual os peixes são capturados. As tilápias do Nilo (*Oreochromis niloticus*) preferem temperaturas da água relativamente quentes, geralmente entre 25°C e 32°C. No entanto, podem tolerar uma gama mais ampla de temperaturas, de cerca de 10°C a 35°C, embora o seu crescimento e reprodução sejam óptimos dentro da gama acima mencionada (**Mohamed Saad El- Sherif e al.; 2009).**

3.2.2. pH

No que diz respeito ao pH, este varia entre 6,90 e 8,05. Um pH neutro é de cerca de 7, pelo que os valores são ligeiramente ácidos a ligeiramente básicos, mas permanecem dentro de um intervalo aceitável para a maioria dos ecossistemas aquáticos. De facto, as tilápias podem desenvolver-se numa vasta gama de pH, de 5 a 11. No entanto, recomenda-se uma gama de pH entre 7 e 8,5. Entre 6 e 9, não se verificam acidentes por efeito direto, mas pode verificar-se uma ação tóxica devido ao amoníaco.

3.2.3. Condutividade

A condutividade eléctrica é uma medida da capacidade de uma solução aquosa conduzir uma corrente eléctrica, que depende da concentração de iões na solução. É sensível a variações na matéria dissolvida, principalmente sais minerais, e pode ser útil para caraterizar uma massa de água. A condutividade também aumenta com a temperatura da água.

condutividade variam entre 135,7 e 137,3 µS/cm. A condutividade mede a capacidade da água para conduzir uma corrente eléctrica, que é influenciada pela presença de iões dissolvidos. Estes valores parecem ser relativamente estáveis e situam-se dentro de um intervalo aceitável.

3.2.4. Turbidez

A turvação da água depende da natureza do terreno que atravessa, da estação do ano, da pluviosidade, do regime de escoamento das águas e da natureza das descargas. Pode ser avaliada pela transparência da água.

Os valores são bastante elevados, variando de 130,9 a 214,8 NTU, o que sugere uma certa presença de partículas em suspensão nas amostras. Isto pode ser explicado pelo facto de a água ser agitada todos os dias pelos piscicultores que se deslocam de piroga para as suas jaulas.

3.2.5. Oxigénio dissolvido

Juntamente com os valores de pH, as concentrações de oxigénio dissolvido são um dos parâmetros de qualidade da água mais importantes para a vida aquática.

- Representa geralmente 35% do volume total dos gases dissolvidos na água.
- As trocas ar-água ocorrem através do contacto aumentado pela mistura de fácies.

lótico. A fotossíntese aumenta o nível de oxigénio dissolvido. Um nível inferior a 3 mg/l é anormal.

- É letal para os ciprinídeos quando desce abaixo de 4 mg/l e 6 mg/l, respetivamente.
- g/l (75% de saturação) para os salmonídeos. O valor vital para estes peixes deve ser

superior a 6 mg/l.

- Os níveis acima do nível natural de saturação de oxigénio indicam eutrofização do ambiente, resultando numa intensa atividade fotossintética.

O oxigénio dissolvido é essencial para a grande maioria dos organismos que vivem na água, uma vez que a solubilidade do O2 varia em função da temperatura, da mineralização e da pressão atmosférica.

Os níveis de oxigénio dissolvido variam entre 4,90 e 7,24 mg/l, indicando uma quantidade mais ou menos adequada de oxigénio para a vida aquática.

3.2.6. Elementos metálicos (mg/l): As concentrações de metais como o cobre, o manganês, o ferro e o zinco estão todas abaixo dos limites de deteção (assinalados como <0,05 mg/l), com exceção do potássio que varia entre 3,72 e 10,55 mg/l. No entanto, estes valores mantêm-se dentro dos limites aceitáveis segundo as normas nacionais e marroquinas.

3.2.7. CQO (carência química de oxigénio): Os valores variam entre 11 e 50 mg/L $_{O2}$. Os valores no local do incidente são mais elevados do que a norma de referência (< 30 mg/L). Este facto pode indicar poluição orgânica.

3.2.8. Outros parâmetros químicos: As concentrações de cianetos, amónio, nitritos e ortofosfatos estão igualmente em conformidade com as normas nacionais e/ou marroquinas.

Em resumo, os dados mostram condições ambientais geralmente aceitáveis, embora a turvação e a CQO estejam ligeiramente elevadas em algumas amostras, indicando vestígios de poluição orgânica que possa ter ocorrido. No entanto, seria necessária uma monitorização contínua para garantir que estas condições se mantêm estáveis e não excedem os limites recomendados para preservar a saúde dos ecossistemas aquáticos e a segurança humana. Outro caso a considerar é o dos alimentos para peixes.

Para o efeito, seria útil dispor dos resultados das análises efectuadas por outros intervenientes que também estiveram envolvidos, nomeadamente o ministério responsável pelos recursos haliêuticos e o ministério responsável pela saúde através da Agence Nationale de Sécurité Sanitaire de l'Environnement, de l'Alimentation et du Travail et des produits de santé (ANSSEAT, antigo Laboratoire National de Santé Publique), para investigações técnicas mais completas.

As seguintes recomendações (**Quadro II**) foram formuladas com o objetivo de limitar a possível poluição dos recursos hídricos em todo o país.

Quadro 9: Recomendações para a gestão da qualidade dos recursos hídricos

N°	Recomendações	Prazo de execução	Estrutura de implementação
1	Implementar um plano de comunicação sobre o impacto das actividades humanas na qualidade da água e a interação entre a rede hidrográfica e a poluição das massas de água.	dezembro de 2024	Agências de água, DREA, CLE
2	-Proibir a técnica de piscicultura utilizada pela cooperativa. Como as gaiolas são imersas diretamente na água, os resíduos alimentares dos peixes podem causar poluição orgânica. Formar os piscicultores em técnicas de piscicultura que não apresentem riscos para a qualidade da água da barragem.	Continuar	Polícia da Água, MARAH, CLE, Câmara Municipal
3	Sensibilizar os horticultores para a necessidade de respeitar as normas de ocupação das margens dos rios	Continuar	Polícia da água, CLE, câmaras municipais

	e de produção e, sobretudo, de utilização de pesticidas e adubos químicos de síntese.		
4	Limite a barragem com diques e crie faixas herbáceas à volta das massas de água, plantando depois plantas florestais não lenhosas à volta dessas faixas para limitar a poluição das massas de água.	Continuar	Agências de água; CLE; Câmara Municipal
5	Assegurar o cumprimento da regulamentação relativa à água através da das inspecções	Continuar	DREA (Serviço Polícia da Água)
6	Reforço dos sistemas de controlo e de vigilância da qualidade da água (redes de vigilância da qualidade da água, reforço dos meios técnicos dos laboratórios da DGRE e da DGPE).	Continuar	MEEA, DGRE, DGPE
7	Dada a recorrência de eventos de poluição da água, criar um Comité Técnico Interministerial para investigar a poluição da água sob a coordenação do MEEA.	dezembro de 2024	SG/MEEA
8	É igualmente rever os textos regulamentares que estabelecem as normas para as águas superficiais/subterrâneas em geral e para as águas piscícolas em particular, a fim de as tornar normas nacionais "NBF" para utilização nos seguintes domínios	dezembro de 2025	MEEA, MARAH; ABNORM, Ministério da Saúde

CONCLUSÃO

A barragem de Korsimoro situa-se na aldeia de Koupela, a alguns quilómetros a leste de Korsimoro, na região Centro-Norte. Em torno da barragem, a população local pratica a horticultura comercial e a garimpagem de ouro, utilizando produtos químicos sintéticos susceptíveis de poluir a água da barragem.

O objetivo da nossa missão era determinar a natureza da eventual poluição desta albufeira por diversos poluentes, a fim de identificar as causas prováveis da mortandade de peixes.

A equipa de missão analisou os diferentes parâmetros físico-químicos da água da barragem *in situ* e nos laboratórios da DGRE e da DGPE. As medições *in situ* e os resultados das análises laboratoriais indicam que as amostras de água analisadas respeitam, em maior ou menor grau, as normas relativas aos parâmetros estudados. Os dados mostram condições ambientais geralmente aceitáveis, embora a turvação e a CQO estejam ligeiramente elevadas em algumas amostras, indicando vestígios de poluição orgânica. No entanto, seria necessário um controlo contínuo para garantir que estas condições se mantêm estáveis e não excedem os limites recomendados para preservar a saúde dos ecossistemas aquáticos e a segurança humana.

A técnica de piscicultura utilizada pela cooperativa deve ser evitada. Como as gaiolas são imersas diretamente na água, os resíduos alimentares dos peixes podem causar poluição orgânica. Estes piscicultores precisam de ser formados em técnicas de piscicultura que não ponham em risco a qualidade da água da barragem.

REFERÊNCIAS BIBLIOGRÁFICAS

1. Decreto n.º 2001-185/PRES/PM/MEE que estabelece normas relativas às descargas de poluentes no ar, na água e no solo e define normas de proteção qualidade da água para os peixes.

2. Decreto conjunto do Ministério do Ordenamento do Território, da Água e do Ambiente n°2028-03 (5 de novembro de 2003) que fixa as normas de qualidade das águas piscícolas em Marrocos ;

3. NBF 08-003-2 : 2018 : Qualidade da água - Amostragem - Parte 2 : Armazenamento e manuseamento de amostras de água ;

4. NBF 08-003-4: 2018: Qualidade da água - Amostragem - Parte 4: Guia para amostragem das águas de lagos naturais e artificiais;

5. Mohamed Saad El- Sherif e Amal Mohamed Ibraim El-Feky, 2009, Performance of Nile tilapia (Oreochromis niloticus) fingerlings. Influence of different Water Temperatures, International Journal of Agriculture & Biology, 11:301-305).

6. Zongo, A., Ouédraogo, I., Traoré, B. (2018). Desafios à preservação e utilização sustentável dos recursos hídricos no Burkina Faso: O caso projectos de captação e retenção de água. Revue burkinabè de développement rural, 20 (2), 45-60.

APÊNDICE 1: LISTA DAS AUTORIDADES COM AS QUAIS SE REUNIU NA LOCALIDADE

Apelido e nome(s) próprio(s)	Função e/ou Estrutura	Contactos
OUEDRAOGO Seydou, Naaba Sanem	Presidente em exercício da Delegação Especial, Câmara Municipal de Korsimoro	70 25 91 21
LANKOANDE ANGE	Secretário-Geral da Câmara Municipal de Korsimoro	Tel: 70 25 93 15
GAMSONRE Idrissa	Alto Comissário para a Província de Sanmatenga	Tel : 70 81 05 43 / 74 77 90 57
LOMPO Madjoa	Prefeito em exercício de Korsimoro	Tel: 70 53 07 42
YAMEOGO Gael	Diretor Regional, DREA-Centre Nord	Tel : 76 50 86 68
PELEGSONRE Issiaka	Presidente da Cooperativa de Pescadores/ Relwendé	-
ZABSONRE Grégoire	Serviço departamental de o ambiente Korsimoro	75 51 63 83

Figura 1: Planta seca da barragem com detritos de peixes de marte

Figura 2: cabanas flutuantes e encías utilizadas para a criação de peixes na massa de água da barragem

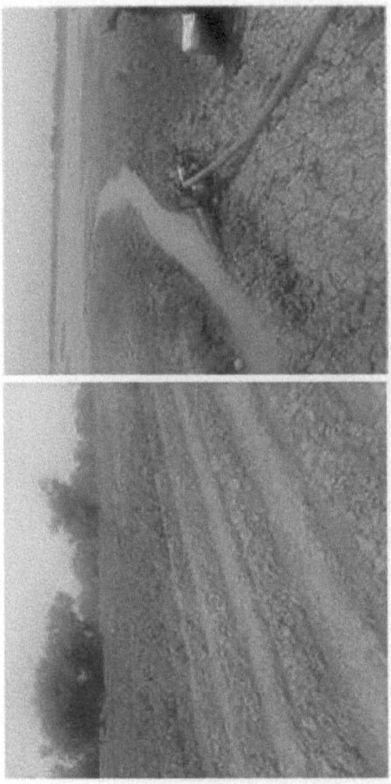

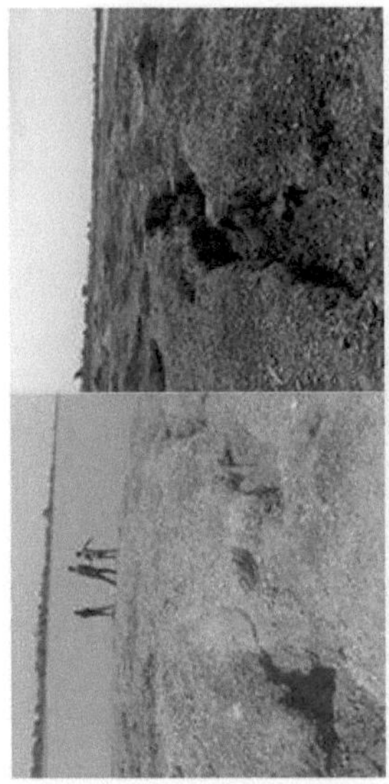

Figuras 3 e 4: niaraichecultura no leito da barragem
Figura 5: Frascos de pesticidas com ranhuras à volta da barragem
Figura 6: Ferros a escavar à volta da barragem em busca de ouro

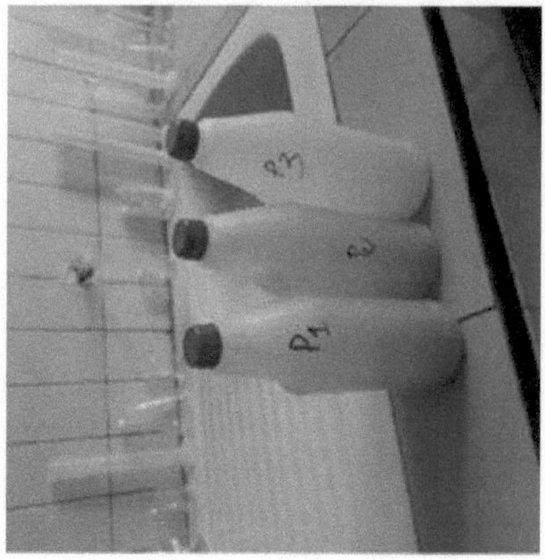

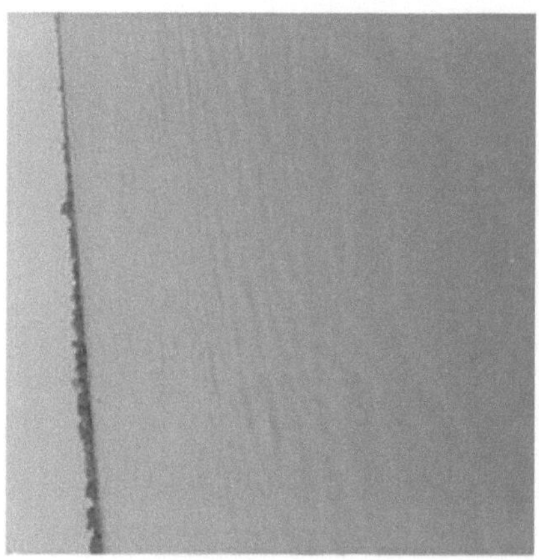

Figura 8: Vista de perfil da parte da barragem não utilizada pelos pescadores Figura 9: Amostras de água recolhidas para análise laboratorial

Categorias	Parâmetros	Descrição/interesse
Parâmetros físico-químicos clássicos/ Medições in situ	Temperatura	Influencia o equilíbrio químico,
	pH	Mede a acidez; distinção entre água ácida e básica; ligada natureza do aquífero e condições ambientais
	Condutividade	Indica o nível mineralização da água
	Oxigénio dissolvido e percentagem de saturação	Determina a atividade biológica do ambiente e o seu estado de poluição
	Turbidez	Fornece informações sobre a clareza da água
Parâmetros organolépticos	Cor	Indica a cor da água
	Odor	Diz-lhe a que é que a água cheira
Elementos maiores, oligoelementos metálicos	Potássio	Mede o teor de potássio; indicador de mineralização
	Sódio	Mede o teor de sódio; indicador de lixiviação de aquíferos que contêm silicatos ou cloreto de sódio
	Cloretos	Mede o teor destes elementos e fornece informações sobre a natureza do aquífero e a poluição da água
	Nitratos	
	Nitritos	
	Ortofosfatos	
	Sulfatos	
	Cianetos livres	Mede o teor de cianeto livre; fornece informações sobre a contaminação de águas residuais industriais ou comerciais e de efluentes mineiros
	Cianetos totais	Mede o teor total de cianeto; fornece informações sobre a contaminação de águas residuais industriais ou comerciais e de efluentes mineiros
	Cobre	Mede o teor de cobre; presente nas águas superficiais ou subterrâneas; a sua fonte é a rocha ou os efluentes industriais ou mineiros.
	Zinco	Mede o teor de zinco; presente nas águas superficiais ou subterrâneas; a sua fonte é a rocha ou os efluentes industriais ou mineiros.
	Manganês	Mede o teor de manganês; a sua origem é a rocha ou a poluição causada pela atividade humana
Parâmetros de poluição orgânica	COD	Mede o teor de oxigénio necessário para oxidar quimicamente os compostos orgânicos; utilizado para avaliar a quantidade de poluentes orgânicos biodegradáveis e não biodegradáveis nas águas de superfície.
	CBO5	Mede o teor de oxigénio necessário para oxidar biologicamente os compostos orgânicos; utilizado para avaliar a fração biodegradável da carga poluente carbonácea nas águas superficiais no prazo de 5 dias.
	Oxidabilidade com KMnO4	Mede todos os compostos oxidáveis (C , P N, etc ;)

Parâmetros analisados	Unidades	Métodos	Normas	Equipamento utilizado	Limites de deteção
Temperatura	°C	Eletroquímica	NF EN 27888	Medidor de condutividade	**0.0 à 60.0**
pH		Eletroquímica	NF T 90-008	Hanna HI 98128	**-2.00 à 16.00**
Conduta	pS/cm	Eletroquímica	NF EN 27888	Medidor de condutividade	**0.0 à 3999**
Turbidez	NTU	Nefelométrico	NF EN ISO	Turbidímetro 355 IR	**0.02**
Destilação de	mg/l	Eletroquímica	-	Multímetro 3430 SET F	**0.02**
Cloreto	mg/l	Cromatografia	Método HACH	Cromatógrafo de iões	**0.02**
Nitrato	mg/l	Cromatografia	Método HACH	Cromatógrafo de iões	**0.3**
Fosfato	mg/l	Cromatografia	Método HACH	Cromatógrafo de iões	**0.02**
Sulfato	mg/l	Cromatografia	Método HACH	Cromatógrafo de iões	**2**

Sódio	mg/l	Espectrometria de absorção atómica	FD T90-112	SAA Perkin Elmer Pin AAcle 900T	**0.5**
Potássio	mg/l	Espectrometria de absorção atómica	FD T90-112	SAA Perkin Elmer Pin AAcle 900T	**0.5**
Cobre (Cu)	mg/l	Espectrometria de absorção atómica	FD T90-112	SAA Perkin Elmer Pin AAcle 900T	**0.05**
Manganês (Mn)	mg/L	Espectrometria de absorção atómica	FD T90-112	SAA Perkin Elmer Pin AAcle 900T	**0.05**
Zinco (Zn)	mg/l	Espectrometria de absorção atómica	FD T90-112	SAA Perkin Elmer Pin AAcle 900T	**0.05**
Cianetos	mg/l N-	Espectrofotometria (método pirazalona-piridina)	-	DR 3900	**0,002**
Nitritos	mg/l	Espectrofotometria (método de diazotação)	-	DR 3900	**0,002**
Pesticidas	mg/l	Método de cromatografia em fase gasosa após extração líquido-líquido.	NF EN ISO 6468/NF EN ISO 11369	GC Claros	**0.0100**

PARTE V

BURKINA FASO

Unité - Progrès - Justice

**MINISTERE DE L'ENVIRONNEMENT,
DE L'EAU ET DE L'ASSAINISSEMENT**

SECRETARIAT GENERAL

BURKINA FASO

Unidade - Progresso - Justiça

**MINISTÉRIO DO AMBIENTE,
ÁGUA E SANEAMENTO**

SECRETARIADO-GERAL

RELATÓRIO DE MISSÃO

**INVESTIGAÇÃO SOBRE A MORTE DE PEIXES
NA BARRAGEM DE KALEINGA, NA REGIÃO DE GUIBA
KALEINGA NA COMUNA DE GUIBA REGIÃO CENTRO-SUL
CENTRO SUD**

abril de 2024

INTRODUÇÃO

A gestão dos recursos hídricos exige informações relevantes sobre os aspectos quantitativos e qualitativos. A qualidade da água, que costumava receber muito pouca atenção, está agora a tornar-se uma questão fundamental na gestão integrada dos recursos hídricos. As descargas de poluentes estão a aumentar em número e diversidade. Estas descargas, contexto de saneamento inadequado, representam uma ameaça real para a saúde pública e para a preservação dos ecossistemas aquáticos. Por conseguinte, é necessário controlar a qualidade dos recursos hídricos e a sua evolução, a fim de melhor compreender a poluição atual e futura, que pode limitar a quantidade disponível e comprometer as diferentes utilizações a que se destinam.

No Burkina Faso, o controlo da qualidade dos recursos hídricos é efectuado a nível nacional pelo Ministério da Água e, mais especificamente, pela Direção-Geral dos Recursos Hídricos (DGRE), através do Departamento de Qualidade da Água, que dispõe de um laboratório de análise das amostras de águas superficiais e subterrâneas recolhidas.

Em 07 de abril de 2024, foi recentemente observada uma mortandade de peixes na barragem de Kalinga, na comuna de Guiba, na região Centro-Sul.

Consequentemente, o Diretor Regional da Água e do Saneamento do Centro-Sul (DREA-CS) solicitou à DGRE que investigasse a qualidade da água da barragem de Kalinga.

Por instruções do Diretor-Geral dos Recursos Hídricos, uma missão liderada por agentes da Direção-Geral dos Recursos Hídricos (DGWR) visitou a aldeia de Kalinga em 15 de abril de 2024 para realizar uma investigação técnica sobre a mortandade de peixes na barragem da aldeia.

Os objectivos específicos da missão eram os seguintes

- Reunir-se com as autoridades a nível regional e/ou local e informá-las do objetivo da missão;
- Realizar inspecções no local do reservatório e entrevistar os residentes locais;
- Efetuar análises in situ e recolher amostras de água para análises laboratoriais aprofundadas;

Os resultados esperados foram :

- As autoridades a nível regional e/ou local foram informadas do objetivo da missão;
- Foram efectuadas inspecções no local do reservatório e os residentes locais foram informados dos resultados.

perguntou sobre a situação;

- Análises in situ e recolha de amostras de água para análises aprofundadas

no laboratório.

1. RESUMO DA MISSÃO

A equipa de missão começou **por** visitar a DREA-CS em Manga, onde se encontrou com o Diretor Regional de Água e Saneamento do Centro-Sul, Sr. KAFANDO Ouesseni e seus colegas, para discutir o objetivo da missão. As nossas discussões permitiram-nos recolher as informações seguintes:

- As primeiras mortes de peixes foram registadas em 07 de abril de 2024 e continuaram até 12 de abril, data da sua última visita à albufeira;
- A mortalidade dos peixes afectou toda a superfície da albufeira;
- Trata-se de tilápias de tamanho médio ou mesmo pequeno;
- O incidente é inédito na barragem", afirmou;
- Não há hortas, garimpo de ouro ou mineração em torno da barragem;
- As amostras de peixe fresco, lama e água foram recolhidas por

vários serviços técnicos, nomeadamente: o ministério responsável pelos recursos haliêuticos através do serviço ZATE e o Laboratório de Análise da Qualidade Ambiental.

Posteriormente, recebemos um relatório da autoridade da água do DREA-CS no local do incidente. Eis os principais pontos do relatório:

- Durante a nossa visita ao local, observámos uma situação alarmante em que a bacia do reservatório estava completamente coberta de peixes mortos, principalmente tilápias de vários tamanhos.

- A água tinha uma tonalidade verde escura e um cheiro desagradável e pungente.
- Foram observados crocodilos a remar para trás e para a frente na água, o que indica uma perturbação no ecossistema.
- A barragem, inicialmente destinada a uma utilização pastoril, continuou a ser utilizada intensivamente para o abeberamento dos animais a nível local e pelos nómadas que transitam com os seus animais entre o Burkina e a floresta do Gana, e vice-versa.
- A utilização de poços situados a apenas 5 a 10 metros do nível da água como fonte de água potável pelos habitantes locais, apesar da presença de peixes mortos a flutuar na barragem.
- Os animais, incluindo ovelhas, burros, crianças e uma mulher, continuaram a beber a água contaminada.
- Durante as nossas entrevistas, uma criança disse que não estava doente e que nunca tinha sentido dores, mesmo quando urinava.
- Um habitante mais velho, que vive na zona há mais de 15 anos, disse que era a primeira vez que tal acontecia. Explicou que os agricultores tinham vindo explorar a barragem, mas que tinham recusado todas as práticas agrícolas evitar qualquer poluição, deixando a pesca como única atividade.
- A quantidade de água tinha diminuído consideravelmente e, embora a barragem seja permanente e nunca seque, o dique não tinha sido mantido e estava completamente coberto de árvores e vegetação rasteira.
- Existem três grandes cupinzeiros no dique, um deles ocupando quase metade do espaço disponível.
- Possíveis causas do incidente :
- É possível que produtos químicos nocivos
- as condições meteorológicas, nomeadamente o recente tempo quente e soalheiro, podem contribuir para a diminuição dos oxigénio na água, dado que esta é pouco profunda e está estagnada. Esta situação pode provocar a asfixia e a morte dos peixes;
- condições ambientais favoráveis, como o calor e a água estagnada, podem favorecer a proliferação algas ou bactérias, produzindo toxinas nocivas para os peixes;
- o calor elevado e a luz solar intensa podem contribuir para condições ambientais de stress para os peixes, tornando-os mais vulneráveis a doenças ou outros factores de mortalidade.

Por último, equipa da missão visitou o local da barragem de Kalinga, acompanhada uma equipa da DREA-CS.

Uma vez no local, encontrámos o CVD e alguns habitantes locais. As nossas conversas permitiram-nos recolher as mesmas informações que as obtidas junto da Regional da Água e do Saneamento.

No terreno, as observações e as entrevistas permitiram-nos recolher as informações seguintes:

- A água é ligeiramente acinzentada e pouco turva;
- A água da barragem liberta um odor;
- A equipa da DREA declarou que se verificou uma melhoria da qualidade água da albufeira;
- Foram encontrados peixes mortos em ambas as margens;
- Trata-se de tilápias de tamanho médio ou mesmo pequeno;
- O incidente foi o primeiro na barragem, disseram eles, embora um deles tenha dito (Anexo 1) que já tinha havido um caso semelhante de morte de peixes na barragem, mas que só afectou uma parte da barragem e não durou muito tempo;
- Ausência de plantas invasoras na massa de água da barragem;
- Não há sítios de garimpo ou de extração de ouro nas proximidades da barragem;
- Ausência de culturas hortícolas nas imediações da barragem;
- Pequenos poços escavados em ambos os lados do reservatório servem de água potável para os residentes locais.
- Presença de aves e rebanhos à volta da albufeira;
- Crocodilos vivos na água ;
- Nenhuma morte de aves, mamíferos, lagartos ou anfíbios, ...

- Não foram observados incidentes entre a população;
- Presença de plantas não tóxicas (*Vitelaria paradoxa; Piliostigma sp;* etc.) em redor do local do incidente.

Finalmente, após estas observações de rotina, a equipa recolheu amostras de água e efectuou medições in situ ao longo de toda a extensão de água.

Quatro (04) pontos de amostragem (**Anexo 2**) foram identificados e codificados (P1K (a jusante); P2K: ponto médio (no meio da massa de água); P3K (a montante) e P4K (poço localizado a montante, a poucos metros da albufeira). As suas coordenadas GPS foram registadas.

As amostras de água foram recolhidas em conformidade com as normas burquinenses "NBF 08-003-1 a 4: 2018" relativas à recolha de amostras de água, incluindo as águas de superfície.

As amostras de água recolhidas são conservadas em câmaras frigoríficas. São depois enviadas para o Laboratório de Análise de Águas Brutas da DGRE para posterior análise.

2. METODOLOGIA DE ANÁLISE

2.1. Análise in situ

As medições in situ abrangeram os seguintes parâmetros: temperatura, pH, condutividade, turbidez e oxigénio dissolvido.

2.2. Análises laboratoriais

As análises laboratoriais foram efectuadas em :

- Iões principais: nitratos (NO_3^-), nitritos (NO_2^-); bem como sódio (Na) e potássio (K), amónio (NH_4^+); cianetos (CN^-);
- Metalóides (oligoelementos metálicos e metais pesados): cobre (Cu), zinco (Zn), manganês (Mn), ferro (Fe); chumbo (Pb), arsénio (As), mercúrio (Hg).

2.3. Equipamentos e métodos de análise utilizados

Os equipamentos e métodos utilizados para analisar os parâmetros estudados são indicados no quadro do apêndice 4.

3. RESULTADOS E INTERPRETAÇÃO

3.1. Apresentação dos resultados da análise

O quadro 1 apresenta os resultados das análises in-tu e laboratoriais de vários parâmetros físico-químicos.

Quadro 10: Resultados das medições in situ e da análise laboratorial das amostras de água

Amostras		*Resultados da análise*																	
Código de amostra	*Localização geográfica*	*Temperatura (°C)*	*pH*	*Condoctividade (pS/cm)*	*Torbidez (NTU)*	*Oxigénio e diesano (mg/D*	*Sodio m Ne (mg/D*	*Potássio mK (mg/D*	*Cobre Co (mg/l)*	*Manganês Mn (mg/l)*	*Far Fa (mg/l)*	*Zinco Zn (mg/l)*	*Cianeto CM (mg/D*	*Amónio mNH4+ (mg/D*	*Nitritos (mg/D*	*Nitrato como (mg/L)*	*Arsénio (mg/L) 02*	*Chumbo (mg/L)*	*Mercare (ug/L*
PI K (ponto ovo!)	12°49'33,9 "N 00Г02'50,Б" W	33,7	8,17	185,5	114,8	7,55	4,029	7,2	<0,05	0,895	1,07	0,089	<0,002	1,42	<0,002	<0,01	<0,001	0,017	<0,5
P2K (ponto mediano)	12°49'32,0 "N DD1ᴰD2'51,2 "W	33,2	8,24	183,8	139,4	7,95	18,18	5,29	<0,05	0,945	0,99	0,119	0,003	1,41	<0,002	<0,01	<0,001	0,015	<0,5
P3K (ponto a montante)	12°49'34,0 "N 001°02'22,9 "W	34,2	8,60	182,5	151,7	8,84	15,37	9,28	<0,05	0,990	1,28	0,043	<0,002	1,52	<0,002	<0,01	<0,001	0,019	<0,5
P4K (paite)	12°49'33,9 "N 00Г02'22,8TΛ 1	32	8,59	529	2Б	3,90	32,95	2,80	<0,05	6,53	0,Б8	0,109	0,005	2,32	<0,002	<0,01	<0,001	<0,001	<0,5
Normas nacionais [1]		-	Ба 10. 3	1000	-	>7	-	-	0,3	-	-	<1	-	<1	<0,03	-	-	-	-
Normas marroquinas[2]		8<T<3D	5 à 9	<3000	-	>3	-	-	<40	<0,1	-	<1,3	<0,05	<1	<0,5	-	<0,05	<0,02	<1

A vermelho: concentrações que excedem as normas

[3] Decreto n.º 2001-185/PRES/PM/MEE que fixa as normas relativas às descargas de poluentes no ar, na água e no solo, artigo 9.
proteção da qualidade das águas piscícolas
[4] Despacho conjunto do Ministério do Ordenamento do Território, da Água e do Ambiente n.º 2028-03 (5 de novembro de 2003) que fixa as normas de qualidade das águas piscícolas em Marrocos

3.2. Interpretação dos resultados da análise

Para as definições dos diferentes parâmetros físico-químicos, **o apêndice 3.**

3.2.1. Medições in situ

- **Temperatura (°C)** :

A temperatura da água afecta a sua densidade e viscosidade, a solubilidade do oxigénio e a velocidade das reacções químicas e bioquímicas. As temperaturas parecem ser relativamente estáveis nos vários pontos de amostragem, com variações mínimas que vão de 32°C a 34,2°C.

- **pH** :

O pH é o cologaritmo da concentração de iões de hidrogénio na água: 0 a 7 é ácido e 7 a 14 é alcalino. O pH não pode ser dissociado da temperatura, do oxigénio dissolvido e da mineralização. Os peixes toleram geralmente um pH entre 6 e 9. O pH varia entre 6,59 (P4K, poço) e 8,6 (P3K, ponto a montante), o que indica uma ligeira acidez no poço e uma maior alcalinidade no ponto a montante. Os valores de pH estão dentro da gama recomendada pelas normas nacionais (6 a 10,3) mas ligeiramente acima do limite superior das normas marroquinas (5 a 9) que definem as águas de piscicultura.

- **Condutividade ^S/cm)** :

A condutividade eléctrica (CE) é uma medida da capacidade de uma solução aquosa conduzir uma corrente eléctrica, que depende da concentração de iões na solução. É sensível a variações na matéria dissolvida, principalmente sais minerais, e pode ser útil para caraterizar uma massa de água. A condutividade também aumenta com a temperatura da água.

A condutividade eléctrica parece ser mais elevada no poço (529 µS/cm) do que nos outros pontos de amostragem, onde é relativamente estável em cerca de 183-185,5 µS/cm. A condutividade está abaixo do limite recomendado pelas normas nacionais (<1000 µS/cm) e muito abaixo das normas marroquinas (<3000 µS/cm).

- **Turbidez (NTU)** :

A turvação da água depende da natureza do terreno que atravessa, da estação do ano, da pluviosidade, do regime de escoamento da água e da natureza das descargas. Pode ser avaliada pela transparência da água. A turvação é relativamente elevada em todos os pontos, com um ligeiro aumento do ponto a jusante para o ponto a montante, depois uma diminuição significativa no poço. A turvação é elevada em todos os pontos, excedendo provavelmente as normas recomendadas.

- **Oxigénio dissolvido (mg/l)** :

Juntamente com os valores de pH, as concentrações de oxigénio dissolvido são um dos parâmetros de qualidade da água mais importantes para a vida aquática.

- Representa geralmente 35% do volume total dos gases dissolvidos na água.
- As trocas ar-água realizam-se por contacto, aumentado pela mistura nas fácies lóticas. A fotossíntese aumenta o nível de oxigénio dissolvido. Um nível inferior a 3 mg/l é anormal.
- É letal para os ciprinídeos quando desce abaixo de 4 mg/l e 6 mg/l (75% de saturação) para os salmonídeos. O valor vital para estes peixes deve ser superior a 6 mg/l.
- Níveis acima do nível natural de saturação de oxigénio indicam eutrofização do ambiente, resultando numa intensa atividade fotossintética.

O oxigénio dissolvido é mais baixo no poço (3,9 mg/l) do que nos outros pontos de amostragem, onde se mantém relativamente estável em cerca de 7,55-8,84 mg/l. O oxigénio dissolvido está em conformidade com as normas nacionais (>7 mg/l), mas é superior ao limite recomendado pelas normas marroquinas (>3 mg/l) para a água da albufeira.

3.2.2. Principais iões e metalóides

- **Sódio (Na)** :

As concentrações variaram entre 4,029 mg/l e 32,95 mg/l. A concentração mais elevada foi observada no ponto de amostragem P4K, que parece ser um poço.

- **Potássio (K)** :

As concentrações variaram entre 2,8 mg/l e 9,28 mg/l. A concentração mais elevada foi observada no ponto a montante (P3K).

- **Cobre (Cu)** :

As concentrações foram todas inferiores a 0,05 mg/l em todas as amostras, o que é inferior à norma nacional de 0,3 mg/l e à norma marroquina de <40 mg/l.

- **Manganês (Mn)** :

As concentrações variaram entre 0,895 mg/l e 6,53 mg/l. A concentração mais elevada foi observada no poço (P4K). Estas concentrações ultrapassam o valor limite da norma marroquina, que é de 0,1 mg/l, o que pode indicar uma potencial contaminação da água da albufeira. De facto, a presença de manganês na água pode ser um motivo de preocupação para a saúde dos peixes e de outros organismos aquáticos, bem como para os seres humanos que consomem esses peixes. O manganês é um oligoelemento necessário em baixas concentrações, mas pode tornar-se tóxico em níveis elevados.

- **Ferro (Fe)** :

As concentrações variaram entre 0,68 mg/l e 1,28 mg/l. A concentração mais elevada foi observada no ponto a montante (P3K).

- **Zinco (Zn)** :

As concentrações variam entre 0,043 mg/l e 0,116 mg/l. A concentração mais elevada é observada no ponto médio (P2K). Para o zinco, o limite é <1 mg/l, igualmente respeitado em todas as amostras para as normas nacionais. O mesmo se aplica à norma marroquina para o zinco, com um limite de <1,3 mg/l, que foi respeitado em todas as amostras.

Em resumo, a análise dos dados sobre metais mostra variações significativas nas concentrações de metais, com alguns a excederem as normas nacionais e marroquinas, especialmente o manganês, o que pode indicar uma potencial contaminação da água da barragem de Kalinga. Concentrações elevadas de manganês podem ser tóxicas para os peixes, especialmente a longo prazo. Isto pode provocar lesões nas guelras, perturbações do sistema nervoso, problemas de reprodução e mesmo mortalidade.

O manganês pode acumular-se nos tecidos dos peixes ao longo do tempo, o que pode levar a um aumento da concentração de manganês na cadeia alimentar aquática. Os predadores de peixes, incluindo os seres humanos, podem ser expostos a níveis elevados de manganês através do consumo de peixes contaminados.

Níveis elevados de manganês podem também alterar o habitat dos peixes, afectando a qualidade da água e reduzindo a disponibilidade de recursos alimentares.

É crucial monitorizar regularmente os níveis de manganês nas águas piscícolas e aplicar medidas de gestão adequadas para reduzir as concentrações de manganês, se necessário. Isto pode envolver práticas de tratamento da água ou estratégias para reduzir as fontes de contaminação.

A concentração de manganês na água para peixes é um parâmetro importante a monitorizar devido aos seus efeitos potenciais na saúde dos peixes e dos ecossistemas aquáticos em geral. São necessárias medidas adequadas de prevenção e gestão para minimizar o risco de poluição e proteger a saúde das populações de peixes e dos consumidores humanos.

3.2.3. Compostos de azoto

- **Cianeto (CN-)**: As concentrações são todas inferiores a 0,005 mg/l, com a maioria das amostras a indicar uma concentração inferior a 0,002 mg/l. O ponto P4K (poço) apresenta a concentração mais elevada, com 0,005 mg/l. As concentrações de cianeto em todas as amostras são muito baixas, muito abaixo das normas nacionais e marroquinas.
- **Amónio (NH4+)**: As concentrações variaram entre 1,41 mg/l e 2,32 mg/l. As amostras do ponto P4K (poço) apresentaram as concentrações mais elevadas. As concentrações de amónio variaram, com as amostras do ponto P4K (poço) a apresentarem as concentrações mais elevadas. No entanto, todas as

concentrações permanecem acima das normas nacionais e marroquinas.

- **Nitritos**: Todas as amostras apresentam concentrações inferiores a 0,002 mg/l.
- **Nitratos**: Todas as amostras apresentam concentrações inferiores a 0,01 mg/l. As concentrações de nitritos e nitratos são também muito baixas em todas as amostras, permanecendo abaixo das normas nacionais e marroquinas.

Em resumo, as concentrações de cianeto, nitrito e nitrato nas amostras de água são insignificantes, enquanto as concentrações de amónio, embora variáveis, estão acima das normas nacionais e marroquinas. É importante monitorizar cuidadosamente os níveis de amónio, particularmente nas amostras do poço, onde as concentrações são mais elevadas.

3.2.4. Metais pesados :

- **Arsénio**: Todas as concentrações foram inferiores a 0,001 mg/L (ou 1 µg/L). Isto significa que as concentrações de arsénio são extremamente baixas em todas as amostras, muito abaixo das normas nacionais e marroquinas.
- **Chumbo**: As concentrações variam entre <0,001 mg/L e 0,019 mg/L. As amostras do ponto P3K (ponto a montante) apresentam a concentração mais elevada, 0,019 mg/L, enquanto as outras amostras apresentam concentrações inferiores a 0,02 mg/L, respeitando assim as normas nacionais e marroquinas.
- **Mercúrio**: Todas as concentrações foram inferiores a 0,5 µg/L. Isto significa que as concentrações de mercúrio são também muito baixas em todas as amostras, permanecendo abaixo das normas nacionais e marroquinas.

O arsénio, o chumbo e o mercúrio são metais tóxicos que podem ter efeitos nocivos para a saúde humana em concentrações elevadas.

Em resumo, os resultados das análises de metais pesados mostram que a qualidade da água, no que diz respeito à presença de arsénio, chumbo e mercúrio, é geralmente boa nas amostras recolhidas ao longo da nascente e está em conformidade com as normas regulamentares nacionais e marroquinas. No entanto, é necessário um controlo contínuo para garantir que estes níveis se mantêm baixos e não representam um risco para a saúde humana e o ambiente.

4. RECOMENDAÇÕES

As seguintes recomendações (**Quadro II**) foram formuladas com o objetivo de limitar a possível poluição dos recursos hídricos em todo o país.

Quadro 11: Recomendações para a gestão da qualidade dos recursos hídricos

N°	Recomendações	Prazo de execução	Estrutura de execução
1	Sensibilizar a população que vive perto reservatório de Kalinga para a utilização de produtos químicos nocivos perto das fontes de água, proibindo-a de lavar a roupa diretamente no reservatório para evitar qualquer contaminação.	Continuar	DREA (Direção-Geral da Água)
2	Implementar um plano de comunicação sobre o impacto das actividades humanas na qualidade da água e a interação entre a rede hidrográfica e a poluição das massas de água.	dezembro de 2025	Agências de água, DREA, CLE
3	Assegurar o cumprimento da regulamentação relativa à água através da intensificação dos controlos	Continuar	DREA (Serviço Polícia da Água)
N°	**Recomendações**	**Prazo de execução**	**Estrutura de execução**
4	Reforço sistema de controlo e de vigilância da qualidade das águas (redes de vigilância da qualidade das águas, reforço dos meios técnicos do laboratório	Continuar	MEEA, DGRE,

	da DGRE).		
5	Dada a recorrência de incidentes de poluição da água, criar um Comité Técnico Interministerial para investigar a poluição da água sob a coordenação do MEEA.	dezembro de 2025	SG/MEEA
6	Rever os textos regulamentares que estabelecem normas para as águas superficiais/subterrâneas em geral e para as águas piscícolas em particular, de modo a torná-las normas nacionais "NBF" para utilização pelo público.	dezembro de 2025	MEEA, MARAH; ABNORM, Ministério da Saúde; Universidades, Institut de Investigação, ONG

CONCLUSÃO

A barragem de Kalinga situa-se a sul da aldeia, a cerca de 20 quilómetros da cidade de Manga, na região Centro-Sud. A população local, na sua maioria Fulani, lava-se na água com sabões ou produtos de higiene pessoal que contêm substâncias nocivas que podem contaminar a água e afetar a saúde dos peixes;

O objetivo da nossa missão era determinar a natureza da eventual poluição desta albufeira por diversos poluentes, a fim de identificar as causas prováveis da mortandade de peixes.

A equipa da missão analisou os vários parâmetros físico-químicos da água da barragem *in situ* e no laboratório da DGRE. De notar que a amostra de água foi recolhida em 15 de abril de 2024, mais de uma semana após o incidente.

As medições *efectuadas in situ* e os resultados das análises laboratoriais indicam que as amostras de água analisadas apresentam caraterísticas que respeitam, em maior ou menor grau, as normas relativas aos parâmetros estudados. No entanto, a concentração de manganês ultrapassa o valor-limite da norma marroquina, que é de 0,1 mg/L para as águas destinadas aos peixes. Este facto indica uma potencial contaminação da água da albufeira por metaloides. Níveis elevados de manganês podem alterar o habitat dos peixes, afectando a qualidade da água e reduzindo a disponibilidade de recursos alimentares. A concentração de manganês na água para peixes é, portanto, um parâmetro importante a monitorizar devido aos seus potenciais efeitos na saúde dos peixes e dos ecossistemas aquáticos em geral. São necessárias medidas adequadas de prevenção e gestão para minimizar os riscos de poluição e proteger a saúde das populações de peixes, bem como a dos consumidores humanos.

REFERÊNCIAS BIBLIOGRÁFICAS

7. Decreto n.º 2001-185/PRES/PM/MEE que estabelece normas relativas às descargas de poluentes no ar, na água e no solo e define normas de proteção da qualidade da água para os peixes.

8. Decreto conjunto do Ministério do Ordenamento do Território, da Água e do Ambiente n°2028-03 (5 de novembro de 2003) que fixa as normas de qualidade das águas piscícolas em Marrocos ;

9. NBF 08-003-2 : 2018 : Qualidade da água - Amostragem - Parte 2 : Armazenamento e manuseamento de amostras de água ;

10. NBF 08-003-4: 2018: Qualidade da água - Amostragem - Parte 4: Guia para a amostragem das águas de lagos naturais e artificiais;

APÊNDICE 1: A: Lista de presenças da missão conjunta à barragem de Kalinga

Encomendar	Nome	Nome próprio	Estruturas	Números
01	BAWAR	Barthélemy	DGRE	76072688
02	SEBGO W.	Amos	DGRE	73 06 20 69
03	ILBOUDO	Moumouni	DREA-CS	76 85 25 51
04	NOALI	Josué	DREA-CS	57 05 90 58

APÊNDICE 1: B. Lista das autoridades com as quais se reuniu a nível regional e local.

Encomendar	Nome	Nome próprio	Função/Status	Números
01	KAFANDO	Ouesseni	Diretor Regional da DREA-CS	76641883
02	CONOMBO	Kuilga	CVD-Talinga	56 89 85 24
03	KAFANDO	Inoussa	Secretário (CVD- kalinga)	69 79 73 78
04	BATERO	Jean-David	Responsável pelas águas e florestas	77 73 52 55/ 58 14 72 12
05	KABORE	Michel	Rastreador	78 79 10 71
06	BAHADIO	Makioudou	Chefe dos Peulhs	64 18 31 51
07	CONOMBO	Pascal	VDP-Kalinga	55 89 41 09
08	KABORE	Marcel	VDP-Kalinga	65 57 94 18
09	KAFANDO	Ousmane	VDP-Kalinga	68 51 61 63
10	DIALLO	Sadio	Kalinga nacional	68 45 70 54
11	BOUDA	Babayouré	Kalinga nacional	76 72 93 68

APÊNDICE 2: FOTOS ILUSTRATIVAS DGRE e DREA-CS, ABRIL DE 2024

Figure 1: équipe de la mission sur la retenue d'eau

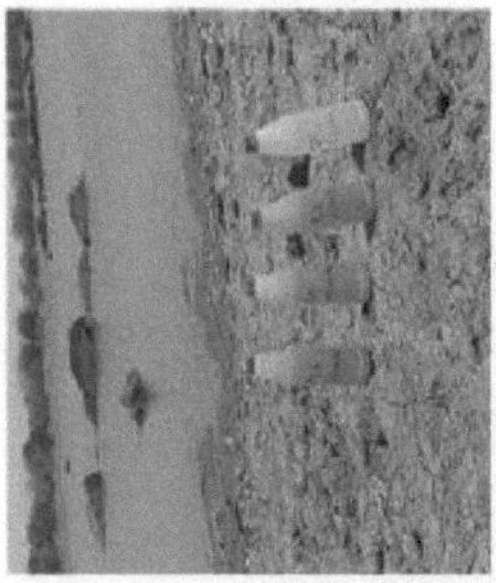

figure 2: échantillons d'eau prélévé

Figure 3 : constat de poissons morts sur la rive du plan d'eau

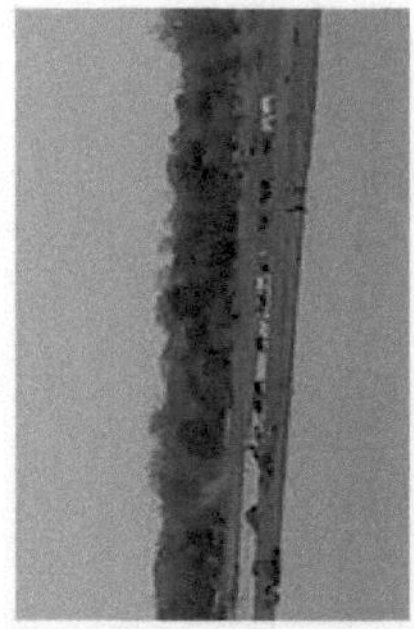

figure 4: troupeaux autour de la retenue d'eau

Figura 1: equipa de missão no reservatório Figura 2: amostras de água recolhidas
Figura 3: peixes mortos na margem da massa de água Figura 4: rebanhos à volta da albufeira

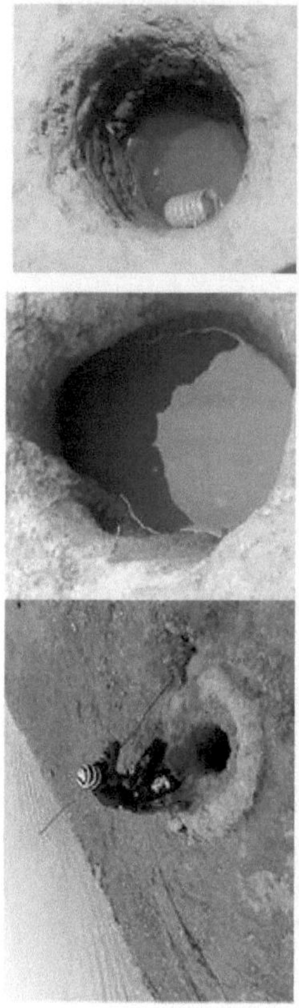

Figure 5 : puits à proximité de la retenue d'eau

Figure 6: Mesures in-situ

Figura 5: Poço perto do reservatório
Figura 6: Medições in situ

ANEXO 3: QUADRO I: DEFINIÇÃO DE ALGUNS DOS PARÂMETROS ESTUDADOS

Categorias	Parâmetros	Descrição/interesse
Parâmetros físico-químicos convencionais/ Medições in situ	Temperatura	Influencia o equilíbrio químico.
	pH	Medir a tacidez; distinção entre água ácida e básica; ligada natureza do aquífero e condições ambientais
	Condutividade	Indica o nível mineralização da água
	Oxigénio dissonante e percentagem de saturação	Determina a atividade biológica do ambiente e o seu estado de poluição
	Turbidite	Fornece informações sobre a clareza da água
Parâmetros organolépticos	Cor	Indica a cor da água
	Odor	Diz-lhe a que é que a água cheira
Elementos maiores, oligoelementos metálicos	Potássio	Mede o teor de potássio; indicador de mineralização
	Sódio	Mede o teor de sódio; indicador de lixiviação de aquíferos que contêm silicatos ou cloreto de sódio
	Cloretos	Mede o teor destes elementos e fornece informações sobre a natureza do aquífero e a poluição da água
	Nitratos	
	Nitritos	
	Ortofosfatos	
	Sulfatos	
	Cianetos livres	Mede o teor de cianeto livre; fornece informações sobre a contaminação de águas residuais industriais ou comerciais e de efluentes mineiros
	Cianetos totais	Mede o teor total de cianeto; fornece informações sobre a contaminação de águas residuais industriais ou comerciais e de efluentes mineiros
	Cobre	Mede o teor de cobre; presente nas águas superficiais ou subterrâneas; a sua fonte é a rocha ou os efluentes industriais ou mineiros.
	Zinco	Mede o teor de zinco; presente nas águas superficiais ou subterrâneas; a sua fonte é a rocha ou os efluentes industriais ou mineiros.
	Manganês	Mede o teor de manganês; a sua fonte é a rocha ou a poluição causada pelas actividades humanas
Parâmetros de poluição orgânica	COD	Mede o teor de oxigénio necessário para oxidar quimicamente os compostos orgânicos; utilizado para avaliar a quantidade de poluentes orgânicos biodegradáveis e não biodegradáveis nas águas de superfície.
Categorias	**Parâmetros**	**Descrição/interesse**
	CBO5	Mede o teor de oxigénio necessário para oxidar biologicamente os compostos orgânicos; utilizado para avaliar a fração biodegradável da carga poluente carbonácea nas águas superficiais no prazo de 5 dias.
	Oxidabilidade a KMηOι	Mede todos os compostos oxidáveis (C, P, N, etc.)

APÊNDICE 4: QUADRO I: ALGUNS DOS EQUIPAMENTOS E MÉTODOS DE ANÁLISE UTILIZADOS

Parâmetros analisados	Unidades	Métodos	Normas	Equipamento utilizado	Limites de deteção
Temperatura	°C	Eletroquímica	NF EN 27888	Medidor de condutividade 3210	**0.0 à 60.0**
pH		Eletroquímica	NF T 90-008	Hanna HI 98128	**-2.00 à 16.00**
Condutividade	pS/cm	Eletroquímica	NF EN 27888	Medidor de condutividade 3210	**0.0 à 3999**
Turbidez	NTU	Nefelometria	NF EN ISO 7027	Turbidímetro Wag-WT 3020	**0.02**

Dissonância do oxigénio	mg/l	Eletroquímica	-	Multímetro 3430 SET F	-
Cloreto	mg/l	Cromatografia	Método HACH 8048	Cromatógrafo de iões	**0.02**
Nitrato	mg/l	Cromatografia	Método HACH 8114	Cromatógrafo de iões	**0.3**
Fosfato	mg/l	Cromatografia	Método HACH 8008	Cromatógrafo de iões	**0.02**
Sulfato	mg/l	Cromatografia	Método HACH 8051	Cromatógrafo de iões	**2**
Sódio	mg/l	de absorção atómica	FD T90-112	AAS	**0.5**
Potássio	mg/l	de absorção atómica	FD T90-112	AAS	**0.5**
Cobre (Cu)	mg/l	de absorção atómica	FD T90-112	AAS	**0.05**
Manganês (Mη)	mg/L	de absorção atómica	FD T90-112	AAS	**0.05**
Parâmetros analisados	**Unidades**	**Métodos**	**Normas**	**Equipamento utilizado**	**Limites de deteção**
Zinco (Zn)	mg/l	de absorção atómica	FD T90-112	AAS	**0.05**
Cianetos	mg/l N-	Espectrometria (método pirazalona-piridina)	-	DR3900	**0,002**
Nitritos	mg/l	Espectrometria (método de diazotação)	-	DR3900	**0,002**

MIX
Papier aus verantwortungsvollen Quellen
Paper from responsible sources
FSC® C105338

Printed by Books on Demand GmbH, Norderstedt / Germany